日本古来の身近な植物の知識、活用法を学ぶ

和ハーブ検定
1級・2級
公式テキスト

doku
-dami

sansho

shiso

hakka

yomogi

古谷暢基・平川美鶴 著
一般社団法人 和ハーブ協会 監修

BAB JAPAN

はじめに
失われゆく足元の宝ものを再生する　～「植物と人」の現場を駆け巡って～

　当協会では設立以来、北方アイヌの森から南方の離島に至るまで、足元の植物とまっすぐ向き合って生きる人たちの背中を必死に追いかけてきました。本書はその過程で、自分たち自身の目と足で手繰り寄せた情報を集約しつつ、「和ハーブ」の視座から現代日本が抱える社会課題にも目を向けて、再編集を行いました。

「和ハーブ」は、日本各地で伝統的に利活用されてきた有用植物です。
　民間療法としての薬草利用にとどまらず、食や入浴、染織、粧い、暮らしの道具材、儀礼、住環境維持など、江戸時代以前から広く日々の暮らしに寄り添ってきた、独自かつ多彩な暮らし文化でもあります。

「和ハーブ」を知ると、大いなる植物の生命力を目の前にして、人は自然の一部であることを実感します。同時に、日本人のかつての暮らしや心の在り方、本質の探究へも繋がっていきます。なぜなら身近な植物こそ、日本人が生きるために欠かせない糧であり、暮らしの隅々を創り上げる原材料であり、感性の源であり、生きる原動力であったためです。

　しかし私たちは、そうした有用植物の知恵と原風景を、少し前の日本に置き忘れてしまっています。自然環境や気候の変動、超高齢化と人口減少、地域社会の崩壊、世界的な資源・食料不足など課題の渦中にある

今、ここから地続きの日本の100年後は果たしてどんな姿を見せているのでしょうか。

　日本人とその暮らし環境が、生きものとして本来の強さを取り戻す。そのヒントは名もなき植物と人の繋がりにあると、私たちは考えています。和ハーブを切り口に「自分たちの身近はこんなにも豊かだ」と気がついたら、目に映る世界の解像度は上がります。そこから多様かつ新しい価値が生まれ、身近な幸せが円環し始めるように思います。

　かけがえのない和ハーブとその知恵は、みんなの足元の宝ものです。それらを人から人の手へ、地域から地域へ、そして過去から未来へと受け渡すため、当協会ではさまざまな活動を推し進めています。この度「和ハーブ検定」に興味を持って学ばれ、合格された皆様方一人ひとりが、日本の有用植物文化を広める懸け橋となってご活躍いただけることを、心より願っています。

一般社団法人和ハーブ協会

副理事長　平川美鶴

「和ハーブ検定 ®」とは？

　2010 年にスタートした「和ハーブ検定」は、日本古来の有用植物とその活用文化について学べる検定です。2020 年より、会場受験からオンライン受験方式へ切り替わり、全国どこからでも受験しやすくなりました。

　古(いにしえ)の人々から受け継がれてきた、「身近な植物を活かして生きる知恵」は、有形あるいは無形の《自然から得た財産》です。そのような「和ハーブ」に関する基本知識・活用法を、体系的かつ楽しく身につけながら、得られた知識を日々の暮らしや健康の維持に役立てていけるようになることが、当検定の目的です。

　その学習内容は、和ハーブとは何か（コンセプト）に始まり、植物分類学や植物生理学の基礎、各地の有用植物文化の歴史（和ハーブ・フォークロア）、健康と医療のサイエンス、日々の和ハーブ活用実践法、主な和ハーブのプロフィールに至るまで、関連知識を広範囲におさえています。

　また当協会では「和ハーブ検定」に並行して、フィールド散策学習や料理教室、植物文化体験（和ハーブ塾）、専門家によるフォーラム・シンポジウム等を全国各地で随時開催し、さまざまな角度から和ハーブを学べる機会を用意しています。このように机上の学びと体験プログラムを重ね合わせていくことで、足元の宝もの「和ハーブ」への理解をより深めていきます。

和ハーブ検定® 実施概要

和ハーブ検定【2級】

「和ハーブ」についての基本的な考え方や知識を学び、［食（食文化）］［自然環境］［地域］を中心とした、和ハーブのある暮らしの視点や活用法を身につけます。

第1部　第1章〜第4章
巻末資料　基本の和ハーブ・プロフィール 10 種（220 〜 229 ページ）
※試験範囲外：第1部　第4章 和ハーブ・ライフスタイル「楽しみ方②食べる」応用編①②料理レシピ

和ハーブとは何か（定義、植物と人の繋がり、和ハーブと日本人）、和ハーブ・フォークロア（地域別の食文化、植物素材のそれぞれの役割）、和ハーブ［食］のサイエンス、和ハーブのある暮らし（入手法、活用法）、基本の和ハーブプロフィール 10 種（草本6種・木本4種）

和ハーブ検定【1級】

　2級で学んだ和ハーブの基礎を踏まえ、［植物分類・生理学］［健康・医療］［産業］を中心により広い範囲へ視野を広げ、ご自身の健康維持にも役立てていきます。

第1部　第4章
第2部　第1章〜第4章
巻末資料　基本の和ハーブ・プロフィール 10 種（230 〜 239 ページ）

※試験範囲外：第1部第4章 和ハーブ・ライフスタイル「楽しみ方②食べる」応用編①②料理レシピ
※試験範囲外：第2部第3章「参考資料」和ハーブの二次代謝産物解説および図表

　和ハーブとは何か（分類学）、和ハーブ・フォークロア（[医薬] 日本の伝統療法）、和ハーブ[医薬]のサイエンス、和ハーブと産業・社会事業、基本の和ハーブプロフィール10種（草本4種・木本6種）

受験資格

1・2級とも不問
※ただし【1級】は、【2級】に合格した方のみ受験可能です。
※2級未受験の方も【1・2級併願】にて両級同時にお受けいただけます。

開催

年3回（3・7・11月）

受験方式

オンラインまたは会場（東京のみ）

出題方式

1・2級ともに50問前後
選択式問題

試験時間

1・2級ともに60分間

受験料

【1 級】6,600 円（税込）

【2 級】6,600 円（税込）

【1・2 級併願】12,000 円（税込）※併願は単願の 10%割引となります。

受験申込の流れ

和ハーブ協会公式 Web「和ハーブ検定」情報ページをご確認の上、検定申込フォームに必要事項をご記入・送信いただき、検定料納付のお手続きをお願いいたします。追って協会事務局より、受験に関する詳細案内（事前の操作方法等）が E メールにて送付されます。

合否通知

試験日より 1 か月以内に郵送

※実施概要は予告なく変更になることがございます。詳細は和ハーブ協会公式 Web より、最新情報をご確認ください。

※受験に関するご不明点は、和ハーブ協会事務局 info@wa-herb.com までお問い合わせください。

検定対策としてのこの本の使い方

●本書は、「和ハーブ」について知り・学ぶ入口であると同時に、当協会が主催する「和ハーブ検定」1級・2級学習テキストとなっています。また上位資格講座で参考図書としても使用いただけます。

●本文中に太字で記された箇所が、検定試験に頻出する内容です。重点的な学習を心がけてみてください。

●第3部には、実際の試験形式に沿った模擬問題・模範解答が掲載されています。学習のポイントやご自身の進捗・到達度を確認しながら、試験対策にご活用ください。検定を受験されない方も、ご自身の知識試しにぜひトライしてみてください。

●「和ハーブ検定」問題は本書からのみ出題されますが、より理解を深める参考図書は次のとおりです。全国書店様および「和ハーブスタイル」「Amazon.co.jp」等のオンラインショップにてお求めいただけます。なお「和ハーブスタイル」ではドライ和ハーブ素材のお取り扱いがございます。和ハーブ現物の見た目や香り・風味の体験学習にお役立てください。

『和ハーブ図鑑』(素材図書)

『あなたの日本がもっと素敵になる 8つの和ハーブ物語 ～忘れられた日本の宝物～』(産学社)

『PAN de WA HERB 日本人の心と身体に届ける和ハーブレシピ』(イー.エム.アイ.)

『和ハーブのある暮らし』(エクスナレッジ)

web サイト「和ハーブスタイル」

8

和ハーブ検定　1級・2級公式テキスト
目次

巻末資料
基本の和ハーブ・プロフィール

第1部

ここでは、[食][自然環境][地域]を
テーマに学びます。
和ハーブの基礎的な知識や考え方から、
身近な暮らしでの利用法へと展開して
いきます。

・第1章〜第3章は、2級向けテキストです。
・第4章は、1・2級共通テキストです。

第1章

第1部

和ハーブとは何か

　地球上に生命体が現れてから、約40億年といわれます。

　現在の地球は、ある観点からすれば、あたかも人間がすべてを支配しているように見えるかもしれません。

　しかし、陸上の全生物の質量においては植物が圧倒的に多く、また世界の陸地面積においても、森林と草原を合わせれば半分以上を占めています。私たち人間を含めた動物の生態系は、植物にコントロールされているといっても過言ではないのです。

　実際に人間は、植物によってその生命を長らえてきました。植物は生物界で唯一の「生産者」であり、食べ物から身のまわりの生活用品、果ては生きていくために欠かせない酸素や環境まで、元を正せば植物がつくり出す生態系の循環の賜物です。もし地上から植物がなくなったとき、「私たち人間は生き長らえることはできるのか？」の答えは、明らかに「NO」です。

　本章では、植物が人の生きる環境に及ぼす影響、そして日本人の生活を支えてきた和ハーブの定義と意義について学びます。

植物が人間にもたらすもの

大気・気候の調整

　私たち人をはじめとする多細胞生物の細胞内には、ミトコンドリアという生物が寄生しています。ミトコンドリアは酸素を使い、宿主の身体に大量のエネルギーを供給します。つまり人をはじめとする多細胞生物は、酸素を呼吸によって体内に摂り入れてミトコンドリアに供給することで、その生命活動を維持できる構造になっています。同時に**植物を除くすべての多細胞生物は、酸素を自家生産できません。**

　植物は太陽光エネルギーを使って、大気中の二酸化炭素と水というほぼ元素に近い物質から、すべての生物のエネルギー源となる糖を産生し、その余りものとして酸素を空気中に排出します（光合成）。すなわち、植物が酸素を自然界に放出しなければ、多くの生物が死に絶えてしまうことになります。

　また植物は、「気孔」という器官から大気中に水分を放出したり、逆に摂り込んだりする作用「蒸散」によって、大気中の湿度や温度に影響を与えます。

　植物の光合成や蒸散によってつくられる大気成分は、太陽光に対する地面への薄い膜状態となって、地表の急激な温度・湿度の上下を防ぎます。そして生い茂る枝や葉も、地表への太陽光の照射量や大気の流れ（風）に影響を与えます。そして**このような植物がもたらす大気への作用は、生物にとっての「恵みの雨」を降らせることに繋がっていきます。**

水源涵養と土壌の生態系の基礎づくり

生物が生きていくためには、水の恵みが必要です。植物は雨を降らせるだけでなく、**葉・枝・根が雨をいったん受け止めて、土壌に染み込む水分の量・移動などの調整 (水源涵養機能) を行います**。それによって土地に生きる生物たちに水分を供給し、あるいは吸収した水分を蒸散させて再び雨を降らせます。

樹木などの根が張り巡らされることは水源涵養のみならず、土砂崩れや地盤崩壊、洪水などの自然災害や土地砂漠化を防ぎます。

植物はまた、土壌の調整と循環、すなわちすべての生物の栄養源となる有機物の循環に、大きな役割を果たします。**地面に落ちた茎葉や枝などの植物の死骸は地表における有機物 (腐葉土) の層となり、「分解者」と呼ばれる微生物の作用 (発酵) によって他の生物たちが再利用できる物質に再変換されます**。

もし地球上が植物の生えない裸の土地だらけになれば、酸素は少なく、全生物の栄養源となる有機物も絶えます。昼は熱く夜は寒い極端な気温状態で、強い風が吹きさらし、空気は乾き、雨は少ない状態が続くでしょう。あるいはもし雨が降っても、水分は地表に留まらず急激に地中に吸収され、地下水となって川に流れ込み、洪水などが起きやすくなります。生物が生存するには、たいへん厳しい環境であるといえます。

人は、人が暮らすためのもっとも基本的な環境を、植物たちが根本でつくり維持していることに気づき、「本当の意味での自然の大切さ」を強く意識すべきでしょう。

　植物が光合成によって自家生産する「糖」は、この世界にあるほぼすべての、有機化合物の基原物質となるものです。つまり、人にとっての5大栄養素のうち、4つの栄養素(糖質、脂質、タンパク質、ビタミン)、およびその他の栄養素である食物繊維やフィトケミカル(ポリフェノールなど)の、すべてのオリジナル生産者になります。さらに残りの栄養素となるミネラルや水分を体内に蓄えることで、人がそれを摂取しやすい状態にしてくれています。人間(動物)は植物を食すことで、身体の構成成分や生命活動のためのエネルギーなどの必要な栄養源を確保できます。

　また、植物がつくり出す成分を活用した植物療法の知恵は、人類の歴史とともに試され、研究され、受け継がれてきました。

　植物と人間は似た細胞の構造を持った生物同士であり、人の「生理活性物質」とよく似ているものが植物の体内でも生産されます。人にとって「毒」ともなり得るそれらの成分を、痛みや症状の緩和や、崩れた生理機能のバランスを整えることに活用したものが「薬」です。**自然のままの状態で使う「生薬」から始まり、近代医薬品の成分の大部分は植物細胞でつくられた化学成分を源にしています。**

人の生活を支えるさまざまな素材

　植物が細胞内でつくり出す物質の恵みは、飲食や医療の分野のみに留まりません。

　植物は、揮発しやすい（常温で気化しやすい）芳香成分を使って、他の生物たちに信号を送っています。動物を引き寄せて受粉をさせ、あるいは逆に近づかせないようにして身を守ります。人はこれらの芳香成分の特性と作用を、殺菌や忌避剤、あるいは皮膚消毒やデオドラントなどに活用しました。さらに、少量であれば人体によい影響を与えることに気づき、各国に残る香りの文化（「アロマテラピー」など）に昇華させたのです。

　植物の皮膚・骨格の役割をする繊維質は、衣服・編み材・紙・建材などの多岐に渡る生活材に使われました。また色素は染料や化粧品に、食器、建材、燃料、塗布剤、遊び道具、鑑賞用、神仏に関わる道具、その他の生活用品において、人間は植物をそのまま、あるいは加工した状態で、さまざまな側面に活用してきました。

　特に植物が豊かな日本においては、それは根本的な生命活動を支えるだけでなく、あらゆる社会活動や文化に至るまで、すべての根源となってきたのです。

太陽

日照

日光（紫外線）→抗酸化色素の合成
（アントシアニン、カロチノ
イド、クロロフィルなど）

光合成
酸素や炭水化物
などの合成

二酸化炭素の吸収

蒸散
（余分な水分の放出）

大気の成分調整

昆虫

花

温度・湿度の調整

人間

受粉

癒し（セラピー）
森林浴
娯楽
その他医療

芳香成分
（フィトンチッド）
の放出

殺菌・駆虫

捕食され
運搬される

動物

樹木

草本類

日陰を作る

水源涵養
（土壌の水分保持・砂漠化を防ぐ生活用水の確保）

水

地盤の固定
（土砂崩れ、洪水などを防ぐ）

無機物の吸収
（ミネラル）

二次代謝物（各種フィトケミカル・ビタミン類など）の生産・貯蔵

道管（水分の運搬）

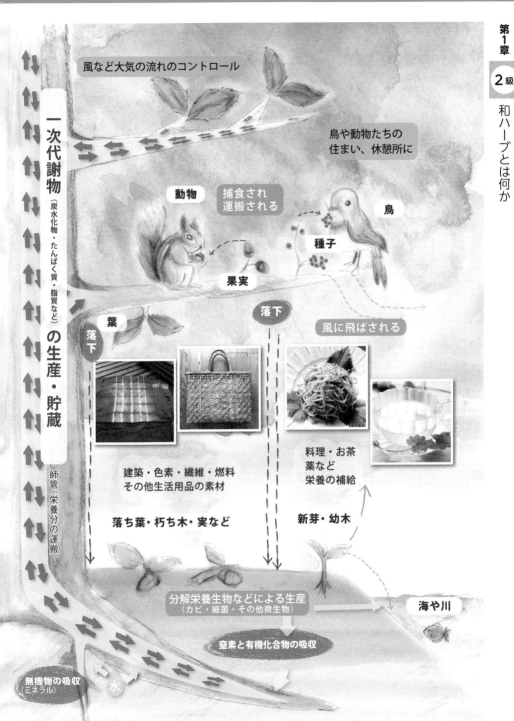

風など大気の流れのコントロール

鳥や動物たちの
住まい、休憩所に

動物

捕食され
運搬される

鳥

種子

果実

一次代謝物（炭水化物・たんぱく質・脂質など）の生産・貯蔵

師管（栄養分の運搬）

葉

落下

落下

風に飛ばされる

建築・色素・繊維・燃料
その他生活用品の素材

落ち葉・朽ち木・実など

料理・お茶
薬など
栄養の補給

新芽・幼木

分解栄養生物などによる生産
（カビ・細菌・その他微生物）

海や川

窒素と有機化合物の吸収

無機物の吸収
（ミネラル）

水

和ハーブと日本人

風土になじむ人間の生理機能

　外国に行ってその土地の料理を食べたときに、お腹を壊した経験がありませんか？　慣れ親しんでいない食材・調理法・気候などから、身体が食べたものに対して対応できないことから起きる現象です。

　私たちの身体は、生まれ育った土地の食べ物と環境、そして先祖代々のDNAに基づいた、消化・吸収・代謝機能が備わっているのです。

　たとえば、哺乳類が子どもの栄養補給のために与える「乳」ですが、**日本人を含む世界のほとんどの人種は、この乳に含まれる「乳糖」を分解する消化酵素「ラクターゼ」が、乳幼児期を過ぎるとほぼ分泌されなくなります。**これによって、乳を摂取することで下痢などを起こす「乳糖不耐症」や、他の動物の乳を飲むことへのアレルギー的な症状も多く報告されています。

　一方で、不思議なことに**北方に住む白色人種は、大人になってもラクターゼが十分に分泌される人が高い確率で存在します。**これは古い時代に、植物素材が乏しい北方地域に移住したことで、家畜からの乳を食材とする食文化を産み出し、それに身体がなじんできたのではないかと考えられています。

　逆に四方を海に囲まれていた日本においては、海藻類の食物繊維を分解する腸内細菌が、他国の人々に比べて特に多い、という研究報告もあります。

　これらの例では、ＤＮＡが長い時間の中で環境に適応し、分泌される消化酵素、あるいは腸内に生存させる細菌の選択を変えた、といえるかもしれません。

日本人の心身にもっともなじむ和ハーブ

　植物は体内で、その土地の気候や生態系環境に対応した成分を合成します。たとえば、太陽光の紫外線は生物の細胞の酸化を進めることが知られていますが、植物はその土地の日光の強さに合わせて、それに対抗する色素成分 (アントシアニンやカロテノイドなど) をつくります。人間や動物が同じ土地・環境に生息する植物を食せば、そのような環境に対応した成分が、自然と体内に摂り入れられることになります。

　元来、日本人は長い歴史のなかで、土地の風土で育った植物素材を有用し、もっとも適した形や方法で活用してきました。

　「身土不二 (または『しんどふに』ともいう)」という言葉があります。「人の身体と生まれついた土地とは二つと分けられない」という意味であり、もとは仏教に由来した考えから、近年になって食事と健康に関わる分野を中心に使われる言葉となりました。

アカメガシワの新芽：陽樹であるアカメガシワは、未熟な幼い葉を紫外線から守るために、葉毛にアントシアニン成分を入れている

　また、「三里四方に医者いらず」という言葉があります。人は長い歴史において、三里四方 (12km＝およそ人が朝に出かけて夕刻に帰宅できる距離) で用を足して来たのだから、その範囲のものを使うことで健康を保てる、という意味です。

　霊長目ヒト科ヒト属ホモ・サピエンス種が誕生し、少なくとも約20万年は経ているといわれます。対して、石油化学が普及し、国際的な物流が本格的に普及してから、まだ100年も経っていません。すなわち、それ以前の人類の生活、つまり人類の歴史のほぼすべての時間は、食料

をはじめとするさまざまな生活素材を、植物を主とした三里四方の自然
素材で成り立たせていたということになります。

　現代日本では、さまざまな生活用品の材や原料の大部分が、外国由来
のものです。しかし**日本の風土環境において、長年に渡って日本人の生
活・文化・健康を支えてきたものは、私たちの足元にある日本の有用植
物「和ハーブ」たちです。**私たちがそれを改めて再認識し、その有用文
化に触れることは、以下のようなさまざまな気づきと意味をもたらして
くれます。

1　先祖代々引き継がれ、また生まれ育ってきた環境における素材の恩
　　恵を受けられる
2　文化の根源素材である植物の研究により、先祖からの文化・歴史を
　　知り、継承していく機運になる
3　生活圏における自然環境の過去・現在・未来について、認知・把握
　　することができる
4　素材のトレイサビリティ (追跡性) やピュアリティ (純粋性) が見え
　　やすいものを手にできる
5　地域の素材を活かした産業をつくり出し、雇用や経済を活性化する
　　ことができる
6　素材の遠方輸送における資源の浪費、それによって引き起こされる
　　公害などを防ぐことができる

和ハーブの定義

ハーブの定義と和ハーブの「和」を定義するもの

「和ハーブ」とは、当協会代表理事の古谷暢基によって創作されたオリジナルワードです。

　ハーブ (Herb) の語源はラテン語で草、あるいは野生の草木を意味する Herba(エルバ) に由来します。ここから、英語の Herb ＝ハーブの意味は狭義において、「主に薬用と飲食系に有用される香りや薬効が強い植物 (葉・茎部分)」と定義されています。

　一方で同様に、英語における広義のハーブは「有用植物」全般を意味することがあります。つまり草本・木本 (茎が木質化する植物、つまり樹木) も含め、葉・茎部分だけでない花・実・樹皮・根などすべての部位を含めたものになり、当協会の定義においては後者の「有用植物」を採用しています。

　次に「日本 (の)」という意味を持つ「和」については、当協会の定義においては「江戸時代以前の」としています。

　その背景・理由として、明治時代は「近代化」という言葉で表されるように、政治・法律・生活様式・文化・教育などに急速に欧米の価値観が導入され、同時に石炭や鉄鋼などの資源産業が発展した時代でありました。それはやがて第二次世界大戦後の石油化学の台頭に繋がり、「森林の国」日本古来の「植物に頼っていた生活文化」が忘れられていく、時代の境目となっていったことにあります。

　これらのコンセプトを元に、「和ハーブ」というワードの定義は、江戸時代以前から日本各地で有用されてきた植物 (外来種、栽培種を含む) となります。すなわち、和ハーブでカテゴライズされる植物については、

の２つに分けることができます。

1　日本原産の野生種および栽培種の有用植物の例

　狭義としての「ハーブ」は香草類を指すということは説明しましたが、日本原産の野生種和ハーブにも、海外ハーブに負けないぐらい香り高い植物が多数あります。その例として、洋名では「タイム」と呼ばれるハーブを採り上げてみましょう。

　タイムはシソ科イブキジャコウソウ属の植物の総称で、一般的に知られるタイムは、「タチジャコウソウ」というヨーロッパ南部原産種です。対して、**日本の野生にもわずか一種ながら、「イブキジャコウソウ」というタイムが存在します。その名の由来となった日本一の薬草エリアである伊吹山では食材のほか、薬用や入浴剤で活用される伝統文化が今も残ります。**

　現代日本では、栽培種の穀物・野菜・果物のほとんどが外来種であり、イブキジャコウソウのような日本原産素材が忘れられています。しかし「ワラビ」(コバノイシカグマ科)「コシアブラ」(ウコギ科)などの山菜類を筆頭に、デンプン源(主食)としての「スダジイ」(ブナ科)、「トチノキ」(ムクロジ科)、副菜としての「イタドリ」(タデ科)、「ウワバミソウ」(イラクサ科：通称は「ミズ」)、「オオバギボウシ」(キジカクシ科：通称は「ウルイ」)、薬味・スパイスとしての「サンショウ」(ミカン科)、「アサツキ」(ユリ科)、果物としての「クワ」(クワ科)、「サルナシ」(マタタビ科：「和のキウイ」)など、日本人の食を支えてきた野生食材が、数多く存在します。

また、日本原産の野生種を栽培種化した例としては、「ミツバ」(セリ科)、「セリ」(セリ科)、「ワサビ」(アブラナ科)のほか、「ヤブツルアズキ」(マメ科)を野生原種とする「アズキ」(マメ科)や、伝統野菜としての「ダイコン」の野生原種とされる「ハマダイコン」(アブラナ科:海外栽培種が野生化した説もあり)などがあります。

飲食材以外のカテゴリーでは、「**色の和ハーブ**」として「**ムラサキ(ムラサキ科:日本三大色素、絶滅危惧種)**」や「**アカネ(アカネ科)**」「**キハダ(ミカン科)**」などが挙げられます。

「**繊維の和ハーブ**」として、日本三大古代布の原料である「**クズ**」(マメ科)、「**シナノキ**」(アオイ科)、「**バショウ**」(バショウ科)や、和紙原料としての「**コウゾ**」(クワ科)、さらに蔓素材として「**ヤマブドウ**」(ブドウ科)「**フジ**」(マメ科)、「**アケビ**」(アケビ科)が有用されました。

また界面活性作用があるサポニン成分を多く含む「**エゴノキ**」(エゴノキ科)、「**ムクロジ**」(ムクロジ科)、「**サイカチ**」(サイカチ科)の果実は洗剤や石けんに、油分を多く含む「**ハゼノキ**」(ウルシ科)、「**ツバキ**」(ツバキ科)、「**イヌガヤ**」(カヤ科)の果実は燃料・食料・塗料・蝋材などに使われました。

このように日本人は、森や草原の植物たちからあらゆる資源を得てその生活を成り立たせていたことを思い出し、その伝統の知恵を研究・活用して次世代に繋いでいくことが大切です。

2 日本原産の野生種および栽培種の有用植物の例

一方で、極東の島国である日本は、大陸から入ってくる外来文化を上手に取り入れ、自分たちの生活に同化していました。

飲食材の「外来和ハーブ」の例としては、香草類の「シソ」(シソ科)、主食の「イネ」(イネ科)、「ソバ」(タデ科)、果物の「カキノキ」(ミ

カン科）、「ユズ」（ミカン科）などは、縄文時代にすでに大陸から伝わっていたとされる栽培植物です。

「色の和ハーブ」としては「日本三大色素」のうち、エジプト原産の「ベニバナ」（キク科）、インド原産の「アイ」（タデ科）の２つが、ともに古い時代に日本に伝わったとされる外来種となります。

　外来の「繊維の和ハーブ」の代表としては、中国南部原産の「シュロ」（ヤシ科）があります。全草が強い繊維でできており、葉鞘部が変化したとされる幹の繊維質（シュロ皮）を紐やタワシに、葉はホウキや籠などの素材に使われました。九州から北海道まで土地環境を選ばず、広い範囲に生息することから、たいへんに活用されてきた植物です。また、有史以前に日本に伝わった中央アジア原産の「アサ」（アサ科）も、衣服・紙・神具などに使用された外来の繊維和ハーブの代表です。

　古代に帰化し、九州に多く自生する「クスノキ」（クスノキ科）は神社仏閣にご神木として植えられるだけでなく、葉や材の芳香成分を箪笥や家具の防虫剤（「樟脳」）として活用しました。

　ガスや電気がない時代の火の原料となる燃料は木炭でしたが、優秀な炭材として雑木林に植えられた「クヌギ」（ブナ科）も大陸から古い時代に伝わった外来和ハーブの代表です。

暮らしの中の和ハーブ分類例（飲食以外）

区分	該当する主な分野	代表的な和ハーブ
粧	美容、化粧	クズ、ベニバナ、ツバキ、キカラスウリ、ヘチマ、ヌルデ、キブシ
浴	入浴	セキショウ、ショウブ、モモ、リュウノウギク、ユズ、ヨモギ、クロモジ、タムシバ、ニワトコ、イブキジャコウソウ、ゲットウ
薬	民間薬	ゲンノショウコ、センブリ、ドクダミ、カキドオシ、タラノキ、ウラジロガシ、タチバナ、キハダ、トウキ、チャノキ、ガマ、ビワ
色	染料、色素	アイ、ベニバナ、ムラサキ、アカネ、ツユクサ、キハダ、クチナシ、カリヤス、クサギ、ヤマモモ、シャリンバイ、タブ、スダジイ、フクギ
礼	神事、生活行事	サカキ、ヒサカキ、アサ、シキミ、ヒガンバナ、タチバナ、アマチャ、オガタマノキ、クロモジ、クスノキ、ユズリハ、ヨモギ
繊維	紙	コウゾ、アサ、ミツマタ、ガンピ、カラムシ、ゲットウ、トロロアオイ、ノリウツギ、ビナンカズラ
	布・衣服	アサ、カラムシ、オヒョウ、イトバショウ、クズ、フジ、シナノキ、ワタ
	紐縄・敷物・履物	アサ、フジ、アケビ、ヤマブドウ、シナノキ、ヤナギ、ヒノキ、アブラチャン、シラカンバ、イグサ、ガマ、タケ、アオツヅラフジ、ゲットウ
材	家財道具	タケ、センダン、キリ、サワラ、ヒバ、サンショウ、クロモジ、スギ、ヒノキ、シュロ
	器・盆・箸	サクラ、ケヤキ、カツラ、クリ、トチノキ、サワラ
	建材	ヒノキ、スギ、ケヤキ、ナラ、カシ、モミ、イグサ、タケ、ヨシ
	塗料	ウルシ、カキ、マツ、ツバキ、キリ、アマ、アブラチャン
	玩具	ナズナ、ササ、オオバコ
	保存（包み葉として）	カキ、カシワ、ホオノキ、サルトリイバラ、ササ、ミョウガ、アオノクマタケラン、ゲットウ
	防虫・殺菌	キハダ、センダン、クスノキ、ヒバ、コクサギ
	園芸	ウメ、カエデ、サクラ、ツバキ、ハギ、フジ、ボタン、アジサイ、キク、アオキ
	洗剤・石けん	サイカチ、ムクロジ、アカバナー、エゴノキ、イネ、シロアズキ

第2章

和ハーブ・フォークロア

　和ハーブを知る入口として、食文化はもっとも身近で、楽しく学べる分野です。飲食材としての植物は、「穀物」「野菜」「薬味」「果物」「山菜」「薬草」などのカテゴリーに分かれていきます。しかし、そこにあてはまる有用植物の種類は、その人ごとの食習慣、育った地域、あるいは感覚などによって変化する場合があります。特に、地理・気候の環境が多様な日本では、地域ごとの「食の植物づかい」のバリエーションはとても豊かといえます。

　人が必要な栄養素のほとんどをつくり出すのが植物たち。人の身体は食べたもので成り立っており、食の有用植物を見直すことが、自分自身の健康や美容を見直すことに繋がります。

　本章では「食の和ハーブ」にスポットを当てて、歴史、地理、栄養学などの側面から、日本人の有用植物文化を探っていきます。

植物食材のそれぞれの役割

縄文遺跡に残る日本の食文化の原点

　日本人の食における植物使いの知恵は、豊かでバリエーションに富んだものです。そして、1万年以上も前の縄文遺跡に残された植物素材からは、現在の日本人の食文化の原点を見ることができます。

　縄文時代とは、氷河期が終わった約1万5000年前から約2300年前まで、1万年以上続いたとされる時期のこと。稲作などの栽培植物文化がまだ浸透しておらず、人間が季節や環境に合わせ、周辺の自然素材を活用していた時代だといわれています。

　遺跡からほぼ全国共通で見つかる植物は、デンプン源としてのクリ（栗）、クルミ（胡桃）、トチノミ（栃ノ実）、ドングリ類などの堅果や、ユリ科の球根部などです。後述しますが、エネルギー源である糖質の確保は、縄文期においても重要であったと考えられます。

　また、**副菜（おかず）としての役割を果たしたと思われるものが、ワラビ（蕨）、ツルマメ（蔓豆）、フキ（蕗）**などです。さらに**シソ（紫蘇）、エゴマ（荏胡麻）、サンショウ（山椒）、ノビル（野蒜）**なども各地で見つかっています。辛味や香り成分による食欲・消化の促進、自律神経調整、あるいは殺菌などの機能性を持つ和のハーブ・スパイス類が、この時代も好まれたのでしょうか。

　そして保管用と思われる壺の底などからは、**ヤマブドウ（山葡萄）、サルナシ（猿梨）、ニワトコ（接骨木）などの果実類**が発見されています。そのまま食したのか、あるいは発酵させて醸造酒をつくった可能性もあると考えられています。

　ちなみにそれは保管用や発酵用の壺ではなく、楽器の一種で、太鼓のように置いて叩いたり、マラカスのように振ったりして、中にある果実類が揺れて音を出したのではないか、というユニークな説も存在します。

　栄養学や化学が存在していない縄文時代の食卓から見てもわかるように、人は身体や心に必要な植物素材を本能的に選択していたようです。それは次のように多岐に渡ります。

- □　糖質源やデンプン源となる主菜
- □　植物性タンパク質、脂質、ビタミン、ミネラルなどを補給するための副菜
- □　ハーブ・スパイスとしての薬味や香辛料
- □　体調を整えるための茶剤や煎剤（薬草）
- □　おやつや酒などになる嗜好品
- □　保管・殺菌用の包装材や食器

自然界にはほとんど存在しない糖質食材

　人の生命活動とはすなわち、全身に60兆個以上あるといわれる細胞の代謝活動ですが、その主なエネルギー源が「糖」です。そのため人は「血糖値」を上げたあと、血流を使って全身の細胞にブドウ糖を運び、生命を長らえています。

　血糖値は、糖質食材を食べることで急激に上昇します。しかしながら日本の自然界には、ダイレクトに血糖値を上昇させる糖質食材は、イモ類と果実類を除き、じつはほとんど存在しません。

　さらに日本の野生に生息するイモ類は「ヤマノイモ」（ヤマノイモ科ヤマノイモ属）、つまり自然薯の一種類のみ。また多くの果実に含まれる果糖は、体内吸収後はダイレクトに肝臓に運ばれて脂質に変換されてしまうため、血糖値を直接上げることはできません。

　そこで日本人は、南方の常緑照葉樹林帯から北方の落葉樹林帯まで種類が豊富なブナ科樹木（「シイ」「カシ」「ブナ」「ナラ」など）のドングリや、

ブナ科ではないがドングリが成る「トチノキ」(トチノキ科トチノキ属)、あるいはユリ科の植物の球根部などを、アクを抜く、漉すなどの加工をして食用し、デンプン源にしました。ちなみに稲が育ちにくい「日本三大秘境」の宮崎県椎葉村では、毒草の「キツネノカミソリ」の根をアク抜きしてデンプン源にしていた、興味深い伝統食文化の知恵が残ります。

　やがて大陸から導入されたイネやムギ、あるいはソバやヒエなどの穀物(果実のうち、デンプンが主成分のもの)やイモ類が、デンプン源として主食の座を獲得していきました。しかしながら、寒冷地や山村など稲作がままならない地域では、ドングリなどの野生種のデンプン食材が重要視され続けたようです。

トチノキは種子をアク抜きして利用する　　デンプン源となるソバ

　なお、第二次世界大戦前後などに深刻な食糧不足に陥った沖縄諸島では、言い伝えはあったがその処理法を知らないまま、猛毒である「ソテツ」(ソテツ科ソテツ属)をデンプン源として食し、多くの人が亡くなりました(ソテツ地獄とも呼ばれる)。

　一方、沖縄本島北部では、**やんばる地域に大量に生息し木本化するシダ植物「ヒカゲヘゴ」(ヘゴ科ヘゴ属)の新芽のデンプン質が、**戦後の食糧不足から多くの命を救いました。

野菜・山菜・野草の違いと「お菓子のルーツ」果物

　ビタミンやミネラル、あるいはタンパク質や脂質などの供給源として「副菜」となる植物素材は、野生種である「山菜」「野草」と、栽培植物である「野菜」の、大きく2つのジャンルに分かれます。しかし元来は「山菜」と「野菜」は定義が同じ、つまりこの3つの言葉は明確な区別がなかったと思われます。

　あえて分類するならば、副菜となる野生植物のうち「山菜」は森林や山の深いところなどで採れる季節食材。一般的に知られるものとしては、木本類の「タラノキ」（ウコギ科タラノキ属）や「コシアブラ」（ウコギ科ウコギ属）、草本類の「ウド」（ウコギ科タラノキ属）や「フキ」（キク科フキ属）、シダ植物の「ワラビ」（コバノイシカグマ科ワラビ属）や「クサソテツ（コゴミ）」（イワデンダ科クサソテツ属）などでしょうか。対して「野草」とは、平地や里山などにあり、比較的長い期間において採取可能な草本植物といえます。一般的に知られるものとしては「ヨモギ」（キク科ヨモギ属）、「タンポポ」（キク科タンポポ属）、「ユキノシタ」（ユキノシタ科ユキノシタ属）などがあります。

　また「野菜」とは、もともとは野生で採れる植物食材（主に草本類）の総称で、それに対して栽培作物は「蔬菜」と呼ばれました。それがいつしか区別がなくなり、蔬菜のほうが一般に呼ばれなくなったようです。和ハーブ協会では、江戸時代以前から広く食べられた野菜を特に「和菜」と名づけ、区別しています。

　それでは、「果物」についてはどうでしょうか。**果物とは、果実のうち「穀物」のカテゴリーに入らず、果糖やブドウ糖などの単糖類を多く含み、甘味があって、おやつやデザートになるものの総称です。**栄養価もたいへん優れており、五大栄養素から食物繊維やフィトケミカルまで含む、完全食材です。

33

お菓子はそもそも「果子」と漢字で書いていたように、果物がルーツです。砂糖が一般的でない頃、おやつは果物が主役だったわけです。また「和菜」同様に、**江戸時代以前からよく食べられていた栽培種、あるいは日本野生種の果物を「和果」と呼びます。**

春の山菜和ハーブ・タラノキの新芽（タラ　　通年採取可能な野草和ハーブ・ユキノシタ
ノメ）

和のスパイス　〜日本人は元来「刺激物」が好き

　日本の伝統食文化において、穀物や野菜や果物とは違った役割を果たす植物食材があります。それが「薬味」や「香辛料」と呼ばれるもので、英語ではまさにハーブ・スパイス類にあたり、日本では古くから「あしらい」「はじかみ」「つま」などとも表現されてきました。

　和のハーブ・スパイス類が持つ辛味・香味・酸味・色素などは、食中毒予防のための殺菌や、食欲・消化の促進、あるいは体熱発生や強壮など薬のような作用を持っています。それらの作用を生みだす成分として、トウガラシの「カプサイシン」やサンショウの「サンショオール」などのアルカロイド類、ワサビの「イソチオシアネート」やニンニクの「アリシン」などの有機硫黄化合物、ヨモギの「シネオール」やハッカの「メ

ントール」などの揮発成分、ユズの「クエン酸」などの有機酸があげられます。

これら和のハーブ・スパイスの成分は、口腔内の感覚受容体に作用したり、痛み（＝辛味）やしびれを感じさせたりします。たとえばトリカブトに含まれるアルカロイド類の「アコニチン」の明らかな猛毒成分にも、人の味覚は同じように反応する場合があります。つまり薬と毒は紙一重で、幼い子どもたちがスパイスやハーブを嫌うのは、恐らくその薬効成分に反応していて、生理機能が落ちがちな大人には必要であっても、活発な子どもには不要でかえって毒となるということなのでしょうか。

これは「酸味」についても同様のことがいえます。**胃液と同レベルの強酸度を持つ柑橘類の果汁は、胃内において消化酵素がもっとも活発になる pH をつくり出すことに寄与します。殺菌作用も強いので、加齢に伴って弱まる胃腸の消化力や免疫力を補助していくことになります。**生の刺し身や脂が強いサンマなどの焼き魚にユズやスダチなどの和柑橘を添えるのは、先人たちの知恵が科学的にも合理性が高いことを示しています。

サンショウの果皮は和スパイスに

香り豊かな和の柑橘ハーブ・ユズ

食の和ハーブ利用例 （江戸時代以前から全国的に飲食されてきた植物食材）

和ハーブ	薬味、山菜、野草などと呼ばれるもので、葉・茎部分を使うもの
草本	ヨモギ、ギボウシ、ハコベ、ツユクサ、ウド、ユキノシタ、セリ、ミツバ、ヨメナ、ハマボウフウ、ツルナ、タンポポ、スベリヒユ、アシタバ、ミヤマイラクサ、イタドリ、モミジガサ、ニリンソウ、オカヒジキ、ノビル、ギョウジャニンニク、シャク、フキ、ツワブキ、イワタバコ、ノカンゾウ、アサツキ、シオデ、ボタンボウフウ、ホソバワダン、ギシギシ、スイバ、モリアザミ、カタクリ、ワサビ、ナンテンハギ、ツリガネニンジン、オケラ、アマドコロ、イノコヅチ、アザミ類
木本	タラノキ、ウコギ、クサギ、サンショウ、アケビ、コシアブラ、ハリギリ、ニワトコ
胞子植物など	ワラビ、ゼンマイ、クサソテツ、スギナ、タケ・ササ類
栽培種	シソ、エゴマ、ミョウガ、ニラ、アオネギ、ワケギ、ベニタデ、ホンタデ
和スパイス	薬味、香辛料と呼ばれるもので、茎葉以外の部位を使うもの
野生種	サンショウ、ワサビ
栽培種	トウガラシ、ミョウガ、カラシナ、ゴマ、エゴマ、ショウガ、ニンニク、ラッキョウ、クコ、イチョウ、ヤエザクラ
和菜	副菜となる草本植物で、栽培種のもの
	ダイコン、カブ、コマツナ、ホウレンソウ、その他のアブラナ科、チシャ、ウリの仲間、ネギ、ミズナ、ナス、ニンジン、ゴボウ、カボチャ
和果	甘味がある果実で、おやつとなるもの
栽培種	カキノキ、ビワ、クリ、モモ、ウメノキ、ナシ、スイカ、ユズ、スダチ、カボス、ウンシュウミカン、リンゴ、スモモ、アンズ、グァバ
野生種	タチバナ、シークワーサー、ヤマブドウ、サルナシ、野イチゴ類、グミ類、ヤマモモ、スグリ、ナツハゼ、アケビ、ガマズミ、イヌビワ、イチイ、ハマナス、クワ、イチョウ、ウワミズザクラ、ケンポナシ

穀類・豆類・芋類など	デンプンや植物性タンパク質の摂取を目的としたもの
草本、シダ植物	オニユリ、ウバユリ、クズ、カタクリ、キツネノカミソリ（有毒）、ヤマノイモ、ヒカゲヘゴ
木本	ドングリがなるブナ科類（シイ、カシ、ナラ、ブナ、クヌギなど）、トチノキ、ソテツ（有毒）、
栽培種	イネ、ソバ、ヒエ、アワ、キビ、ムギ、ダイズ、アズキ、サトイモ、ナガイモ、インゲンマメ、エダマメ
和のナッツ	**果皮がかたくなる堅果類などで、デンプン源やおやつとなるもの**
野生種	オニグルミ、カヤ、ハシバミ
栽培種	ラッカセイ、クリ
包み葉	**殺菌・保存・香りづけのために食材に巻き、調理したり容器代わりに使うもの**
	ミョウガ、ゲットウ、アオノクマタケラン、ササ、タケ、ホオノキ、カシワ、サルトリイバラ、オオシマザクラ、カキノキ
薬草茶・酒	**健康維持や体調の悪い時などにお茶やお酒として飲まれたもの**
茶材	ドクダミ、ゲンノショウコ、センブリ、カキドオシ、ナギナタコウジュ、ヨモギ、オオバコ、カワラケツメイ、カキノキ、トウキ、シシウド、アマチャ、アマチャヅル、ウツボグサ、チャノキ、ウラジロガシ、タラノキ、クワ、クロモジ、キハダ、アカメガシワ
果実酒	マタタビ、クサボケ、ガマズミ、ウワミズザクラ、サルトリイバラ

地域別の環境に裏づけられる植物食文化

気候風土と植生がもたらす地域食文化

　日本の植物食文化を地域別に見ていくと、同じ用途でも使う植物種が異なったり、あるいは同じ植物であっても使い方が異なったりしています。このバリエーションに富んだ食文化を考えるときには、日本が「火山と海の国」であることに、まず気づかなければなりません。

　海に囲まれつつ、急激に切り立つ高い山脈を擁し、南北に細長い島国環境が、豊富な水源と多様な自然環境や植生を生み出し、土地ごとの食文化の豊かさへと繋がっていきます。

　南西諸島や奄美諸島エリアでは、一年を通じて亜熱帯性気候と海岸性の植生となります。海のミネラルの恵みと強い日光に対抗してつくられるフィトケミカルの滋養は、豊富な海産物とともに、そこに暮らす人々の命を支えてきました。九州、四国、および関西〜関東の太平洋側平野部は穀物が実りやすく、海産物の収穫が期待できる環境です。このエリアでは豊かな食材とともに、海岸・河川・里山などに生える、植物や常緑照葉樹などの植生がベースとなった飲食文化が発達しました。

　一方で、山間部や東北以北などの寒冷地では穀物が育ちにくく、山間部ではこれに加えて海産物が収穫できない環境です。そこでは淡水に生きる生物や、山に暮らす鳥獣を狩猟し、落葉広葉樹を中心とした植生をベースとしながら、冬期や飢饉（ききん）に備えた料理文化が発展していきます。

　そして亜寒帯気候となる北海道では、針葉樹や高山植物系を中心とした独特の植生となり、現地に生きてきたアイヌの、自然を知り尽くした飲食文化が受け継がれてきました。

山形に残る植物保存食文化

　次に日本列島のうち、和ハーブ飲食文化において特色のある本州北部・関西以西・アイヌ・南西諸島（鹿児島県の薩南諸島〜沖縄県の琉球諸島）の4エリアに分け、それぞれを詳しく見ていきましょう。

　本州北部の代表エリアは山形県です。

　山形県は海岸地域を除くと山に囲まれた盆地地帯が多く、夏は暑く、冬は寒冷で多雪であることから、栽培植物の生育にとっては厳しい気候環境です。その一方で、豊かな自然の恵みをベースに、多彩な有用植物文化が発達してきました。**また同県は江戸期から、染色の原料となる「ベニバナ」（キク科ベニバナ属）の生産量日本一を誇ります。ベニバナは天然素材から真紅がとれる、この世でたったひとつの植物として知られます。そして「粧いの和ハーブ」の代表格でもあり、唇を彩る化粧品、「紅」の原料として高価で取引されてきました。**

　また、県の西北部に位置する「出羽三山（羽黒山、月山、湯殿山）」は修験道の東の聖地で、山伏やそれに関わる人たちによって薬草や山菜の知恵が継承されてきた地域です。月山のふもとにある「出羽屋」は全国でも珍しい山菜専門料理屋であり、出羽三山への参詣客や修験者に対して地元食材でもてなしをしたのが、日本初の「山菜そば」誕生のきっかけとなりました。

　この出羽三山は、ヨーロッパの影響をまったく受けていない日本オリジナルのブドウの醸造酒、つまり純粋なる「和のワイン」文化が存在した国内唯一の場所です。その起源については、熊の大好物でもあった「ヤマブドウ」（ブドウ科ブドウ属）の薬効を山伏たちが知り、厳しい修行の精力剤として収穫・保存しておいたところ、何らかの原因でそれがアルコール発酵したことだといわれます。

　前述したように、山形エリアは稲作には厳しい環境で、江戸時代以前

は飢饉が頻発していた地域です。そこで**江戸中期に米沢藩主（県南部）の上杉鷹山が編纂を命じた『かてもの』は、災害食や保存食としての植物素材に焦点を当てた「野生和ハーブレシピ集」です。**鷹山は、アメリカのケネディ大統領が「もっとも尊敬する日本人」とした人物で、高い精神性と数々の偉業で臣民を導いた名君です。

　この『かてもの』に採録された山形和ハーブの代表が、「ウコギ」（ウコギ科ウコギ属）です。その葉は芳香を持ち、若葉は美味で、現代においても栄養ドリンクにそのエキスが使われるほど、薬効の高い和ハーブです。同時に乾燥・寒さに強く、生長が早くて幹にトゲがある特徴から、**同地方では生垣として使われる伝統がありました。**ウコギは鷹山によって「食べられる生垣」として推奨され、現在も地元の米沢市の代表的特産品として引き継がれています。

ベニバナ（7月上旬・山形にて）

ウコギの生垣（米沢市内）

　もう1つ、救荒植物として『かてもの』に掲載され、現在も山形郷土料理の代表として伝わっている和ハーブが「スベリヒユ」（スベリヒユ科スベリヒユ属）です。スベリヒユは日当たりのよい荒地や耕作地に生え、ロゼット状に地面に茎葉を伸ばす多肉植物で、畑ではやっかいな雑草の1つとして知られます。しかし乾燥に強く、生命力がある性質は、

不作をもたらす干ばつにも強いことに繋がります。地元では生のものを
さっと湯がいて辛子醤油でおひたしにしたり、乾燥保存しておき、食べ
るときに戻して和え物などにしたりします。

　山形県以外でこのスベリヒユを習慣的に食す文化を持つエリアは沖縄
県です。地元の言葉で「ニンブトゥカー」と呼ばれ、豚肉などと一緒に
味噌炒めなどでさかんに食べられます。同じ日本ながら、気候や生活条
件が大きく違う2つの地域がこの植物に目をつけた理由は単なる偶然な
のか、興味深いところです。そもそも和ハーブたちは、条件が合えば厳
しい自然環境を生き抜く力を持っています。『かてもの』に選ばれた和
ハーブたちは、ビタミンなどの栄養素を乾燥や温度変化にも壊れにくい
形で体内に含むものが多く、それを昔の人は経験上、見抜いて重宝した
のです。

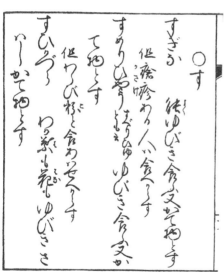

『かてもの』（復刻版）より抜粋。
「すめりひやう　すべりひゆとも云
ゆびき食ふ　又かて物とす」

スベリヒユ

　日本の植物文化の多様性において、次に本州の関西以西のものを、2つほど紹介します。

「クサギ」（シソ科クサギ属）は、日当たりのよい斜面や林縁などに生えるパイオニアプランツ（先駆植物）の樹木。名の由来は「臭い木」で、葉にピーナッツにも似た芳香があります。クサギは一部の地域では山菜として食されることもありますが、そのにおいの強さから、どちらかというと飲食目的においては敬遠される植物といえます。ところがこの**クサギをメイン食材に使った「クサギナ」という郷土食が、岡山県の北部地域に存在します。**

　そのレシピですが、クサギは春に若芽を摘み、熱湯で茹でたあとに乾燥させて保存しておいて、調理する際にそれを水で戻します。山鳥の肉（現在は鶏肉）を出し汁で茹でて肉を手で裂き、ニンジン、ゴボウ、シイタケ、そしてクサギを醤油・砂糖・酒などで甘辛く炒め煮して、ご飯の上に色鮮やかに盛りつけ、先ほどの鳥の茹で汁を上からかけていただきます。水で戻して炒め煮したクサギは、かめばかむほど滋味が出る、まるで美味しい乾燥スルメのような味わいで、他の食材と鳥のうま味が出たスープがミックスされると、何ともいえない味のハーモニーが醸し出され、美味です。

　なお、**名称とレシピが同じ「クサギナ飯」が、岡山と距離の離れた宮崎県椎葉村にも存在します。**椎葉村は平家の落人村として有名であり、恐らく岡山周辺を本拠地としていた平家一族の人間が持ち込み、残した食文化ではないかと推測されます。この事例は、和ハーブ食文化の伝わり方の面白さを表すたいへん興味深いものです。

　西日本のもう1つの興味深い植物食文化として、四国の事例を見てみ

ましょう。

　高知県では「イタドリ」（タデ科ソバカズラ属）を、シュウ酸が強いために塩でアク抜きし、食卓の常備菜とする食文化があります。たとえば街中のスーパーマーケットや市場、総菜屋さんで、どこでも見かけられるほどです。

　イタドリは生命力が強いパイオニアプランツで、別名をスカンポなどと呼ばれ、北海道から沖縄まで日本全土に見られる植物です。季節ものの山菜として、あるいはその酸味から子どもの自然のおやつとして食べられる文化は各地に見られますが、通年の食卓常備菜としての例は高知だけです。ちなみに高知では、ニンニクの新芽をおひたしや鍋のネタにして食べる習慣があり、これも地域の植物食文化の特性を示す、珍しい食習慣だといえます。

クサギナ飯（岡山県）

クサギの花

「アイヌ」とは、これまで日本の北方からロシア極東部（カムチャッカ半島）にかけて居住し、文化圏を築いていた民族といわれてきました。一方で最近の遺伝子工学や文化人類学の観点からは、アイヌは原日本人といわれる縄文人であり、それが弥生時代に大陸から来た渡来人と混血したが、純粋な縄文人は北方と南方に残された（すなわちアイヌ人と琉球人は同じ）とする説があります。

そもそも「アイヌ」とはアイヌ語で「人間」を表しますが、その存在はあくまで「カムイ＝神」が宿るすべての森羅万象のうちの１つに過ぎない、とされます。この人と自然の位置づけにおける考え方は、琉球文化圏や世界各国の先住民に残る自然崇拝（アニミズム）と共通するものです。

このような自然と一体化した精神を持つアイヌの生活の営みは、主に狩猟・採取によって成り立っており、それゆえに土地の野生動植物の知識と知恵は、豊富で洗練されたものであったといえます。彼らが実際に用いていた植物の種類、すなわち「アイヌハーブ」は、古文書や明治時代以後の調査などから、150種類ほどではないかと推測されています。

アイヌの生活の中心となってきた北海道や東北地方の自然環境は厳しく、だからこそ、生きることと真剣に向き合って磨きぬかれた知恵に、尊い価値があります。

アイヌの植物使いには、いわゆる本州以南の「大和人（やまとびと）」のものと明らかに一線を画すものが、多数見られます。たとえば、**アイヌにとってもっとも重要なハーブの１つである、「トリカブト」（キンポウゲ科トリカブト属）は、先に述べた「アイヌ＝日本人ルーツ説」を裏づけるものです。**

この和ハーブの全草に含まれるアルカロイド類の「アコニチン」は、人や哺乳類にとって猛毒の成分です。この根の毒を矢じりに塗って獲物

や敵を仕留めるトリカブト矢毒文化は、ユーラシア大陸東北部にかけて
のみに見られるものです。そして興味深いことに、この日本においては
アイヌ特有であるはずの文化が、日本の古い記録において、本州中部の
滋賀県と岐阜県にまたがる伊吹山に登場します。

「日本でもっとも古い正式書」である『古事記』と『日本書紀』において、
古代日本の英雄とされるヤマトタケルノミコト（日本武尊）の最期のス
トーリーは、伊吹山で神の怒りを買って大雨を浴び、病の身となって亡
くなる、とあります。しかし近年の調査では、伊吹山の豪族によってト
リカブト毒を塗った矢で射られたことが、実際の死因とされます。

　この史実から、伊吹山という日本列島の真ん中のエリアに、まだアイ
ヌの勢力が少なからず存在していたことが示唆されます。大和朝廷初期
における東国平定の雄とされるヤマトタケルノミコトですが、実際には
大陸からの渡来人の侵略行為に対し、日本列島の原住民であるアイヌが
対抗したということなのでしょうか。

　ちなみにアイヌが本州に住んでいた名残か、アイヌ語が語源とみられ
る地名は本州以南に点在しており、たとえば静岡県の「駿河（スルガ）」
はアイヌ語で「トリカブトが豊かに生える土地」という意味を持つとい
われています。

トリカブト

アイヌはさまざまな植物使いに長けた

アイヌのお茶

　トリカブト矢毒文化だけでなく、アイヌ独自の植物文化は数多く存在します。

　たとえば、**本州以南でお茶といえば**、ツバキ科の「チャノキ」の葉を素材とした緑茶ですが、アイヌの日常茶の代表は「ナギナタコウジュ」（シソ科ナギナタコウジュ属）です。アイヌ語では「セタエント」といい、「犬（エント）の足跡がある所には新芽がある」という意味を持ちます。バジルやミントにも似た独特の香りが漂うこのアイヌハーブティーは風邪の特効薬でもあり、また刻んでお粥に入れて煮込んだものは「エントサヨ」と呼ばれ、食欲不振時や二日酔いの朝などに優しい療養食でした。

　さらに「アイヌ紅茶」ともいえる色合いを持つのが、「ホオノキ」（モクレン科モクレン属）です。この木の葉は日本野生種ではもっとも大きく、また芳香を持つことで知られます。本州以南では、その葉を料理や食材保存に使い、特に岐阜県や長野県の山間地域の郷土料理「朴葉焼き」や「朴葉味噌」が有名です。ところがアイヌは葉でなく、マグノリア（モクレン属）独特の天に突き出た果実を乾燥させてお茶にします。この果実をアイヌ名で「プシネプイ」といい、採取の折には感謝の祈りと捧げものを行ったあと、植物を傷つけないようつくられた独特の二股棒を使って、高い枝になっている果実を地面に落とします。

大和人を救った和のローズのビタミンC

　さらに、アイヌハーブの知恵が、大和人を救ったことがありました。**海岸沿いに多く分布する「ハマナス」（バラ科バラ属）は、花弁は「和のローズ」、果実は「和のローズヒップ」として、女性を中心に人気の和ハーブです。**ハマナスの花はアイヌ語で「マウニ」と呼ばれます。

　秋田藩の蘭方医であった岩谷省達が1857年に残した『胡地養生考』によれば、「ロシア蝦夷地侵攻の警備のため、秋田藩兵士たちが今の留萌市付近に派遣されたが、寒冷地の風土病ともいえる水腫病（壊血病_{かいけつびょう}）に続々と倒れた。そこでアイヌに聞き取りをすると、マウニをお茶のようにして飲むと病気が防げる、と教えてくれた。兵士たち100名のうち、アイヌの言うとおりにした人は全員生き残ったが、言うことを聞かなかった78名は全員が死亡した」という内容が記されています。

　極寒の地では生の野菜や果物が摂れず、極端なビタミンC（アスコルビン酸）不足に陥ります。ビタミンCの効能には抗酸化や免疫力向上が知られますが、じつは最も重要な役割がコラーゲンの生成です。コラーゲンは体内タンパク質のなかでもっとも多く、血管や骨の材料となるものです。ビタミンCが不足すればこれを生成できず、やがて内出血などを起こして死に至る病気が壊血病です。**ハマナスに含まれるビタミンCは、ハマナス自身が持つポリフェノールと結合することにより、乾燥や熱による変性が起きにくくなります。**自然と一体化して生きたアイヌの知恵は、栄養科学のない時代に、ハマナスのこの驚異的な力を見抜いていたのです。

　また、**本州以南では、「キハダ」（ミカン科キハダ属）の樹皮裏の黄色い内皮部分を薬用素材とします。しかしアイヌは、キハダの内皮ではなく、主に果実を使うのです。**「シケレペ」と呼ばれる熟した果実を噛んでみれば、同じミカン科のサンショウにも似た舌がしびれるようなほろ苦さと、柑橘系の爽やかさが、口の中に同時に広がります。カボチャや豆

類と一緒に煮込んだ伝統料理「ラタシケップ」は、シケレペの風味が効いて少々スパイシーな味わいの、アイヌのおもてなし料理です。

　最後に紹介するのは、**本州以南でも山菜として人気が高い「ギョウジャニンニク」（ヒガンバナ科ネギ属）**です。アイヌ語で「キト、キトビロ（『キト』は『祈祷』から来たともいわれる）、プクサ」などで呼ばれ、鹿または鮭を出汁にとった薬膳アイヌハーブ・スープ「オハウ（汁物）」の定番の具です。強い香りは魔除けにもなることから、キトビロと熊の脂の混ぜご飯は、「イオマンテ（神送りの儀礼）」でふるまわれるご馳走でした。ただし、**播種してから開花まで5～7年以上もかかり、根を絶やさぬよう地上部だけを摘み取ることも**、植物を熟知したアイヌならではの知恵でした。

ナギナタコウジュ

ハマナスの花

チャンプルー文化を象徴する「琉球ハーブ」

　南西諸島に育つ有用植物のことを、和ハーブのなかでも特に「**琉球ハーブ**」と呼びます。同じ日本の国土でも、九州以北とは異なる亜熱帯性の植生となるためです。また、沖縄の文化を表すときに「チャンプルー（ごちゃまぜ）」という表現が使われるように、古い時代からアジア南部や中国との交易が濃密に行われ、暮らしや文化もその影響を受けてきました。そのため「**琉球ハーブ**」のカテゴリーには、元から生息している原種植物に加え、交易によって導入された「**外来琉球ハーブ**」が多く加わります。たとえば沖縄の有用植物というと「ウッチン（和名：ウコン）」ショウガ科ウコン属）を真っ先に思い浮かべる人も多いでしょう。しかしウコンは思ったより、沖縄の日常生活に登場する場面は少ないといえます。

アカバナーの天ぷら

さまざまな琉球ハーブが食卓に並ぶ

　ウコンはもともと南アジア（インド周辺）原産で、沖縄には自生せず、交易によってもたらされた外来琉球ハーブです。一説には室町時代に導入され、江戸時代には本土との貴重な交易品（民間薬や染色剤）として栽培されていたようです。

　ウコンの薬効は、最近の研究などにおいて抗酸化、抗がん、抗炎症作用等が報告されていますが、何よりも「肝臓の特効薬」として古くから

よく知られるところです。現在においても「悪酔い防止」などを宣伝文句にうたう健康食品が数多く発売されていますが、ウコンの肝臓への作用機序の解明や実証はあまりされていないのが実情です。それどころか、過剰摂取による肝機能障害や肝臓病悪化の症例が多数報告され、厚生労働省のホームページでも警告が出ています。そもそも植物の根茎部は土壌の重金属類をためこむ性質があり、ウコンに多く含まれる鉄分はC型肝炎においては特に悪化させることが知られています。

艶やかな花を咲かせる「ゲットウ」（ショウガ科ハナミョウガ属）も、名を知られつつある外来琉球ハーブの代表です。ハーブティー、またアロマテラピーやナチュラルコスメの素材として、全国において人気が広がっています。原産は東南アジアといわれ、古い時代に沖縄に導入されたと考えられています。その強固な繊維と旺盛な繁殖力で、元来は収穫したサトウキビなどを束ねる紐材として使われました。

また暮らしの行事に欠かせない素材としても、人々の生活に根づいています。**餅粉に黒砂糖や紅芋の粉などを混ぜ、ゲットウの葉で巻いて蒸し上げる「カーサムーチー」を食べれば、その年の家族の健康は安泰とされます。**旧暦12月のムーチーウユミには、集落中に蒸したゲットウの香りが満ちあふれ、まさに沖縄の人々の「ソウル・アロマ」的存在です。

中国原産の「クワンソウ（和名：アキノワスレグサ）」（ユリ科ワスレグサ属）は、葉は食材、根は「ニンビグスイ（眠り薬）」として用いられます。原産が中南米で、15世紀ごろ日本を介して韓国に伝わったとの説もある「トウガラシ」（ナス科トウガラシ属）は、琉球名で「コーレーグス」と呼ばれます。生のまま泡盛（インディカ米でつくられる焼酎の一種）に漬け込んだものは、食卓に欠かせない琉球スパイスの主役です。

石垣島や西表島などの八重山諸島には、沖縄本島では見られない、独特の琉球スパイスが存在します。南アジア原産の「ピパーチ（和名：ヒハツモドキ）」（コショウ科コショウ属）は、インド原産のコショウより

も辛味がまろやかで豊かな香りを持ち、現地の人々の食卓には欠かせない調味料です。

手づくりのカーサムーチー　　　　　クワンソウの根をお茶にして飲む

島人たちを支えてきた「命薬」ハーブ

　沖縄の自由で柔軟なチャンプルー文化は、交易によって導入された諸外国の植物をみごとに溶け込ませました。一方ではもちろん、沖縄に昔から自生する琉球ハーブも存在します。むしろ海を航海することが命がけであり、他地域からの物資が届きにくい沖縄地域では、島に生える素材をフル活用していく必要があったといえます。

　沖縄では今も、生きることと食が直結しているのを実感するかのごとく、滋養がある食事を「命薬」と呼びます。島人の健康と命を支えてきた島に生える「ヌチグスイ・ハーブ」には、いったいどのようなものがあるのでしょうか。

「沖縄の人たちにとって、もっとも大切な植物は何ですか？」こんな質問をおじいやおばぁに投げ掛ければ、必ずといっていいほど帰ってくる答えは「フーチバー」、つまり「ヨモギ」です。ヨモギは「サギグスイ（血圧や熱などを下げる）」として、スーパーマーケットでも一年中登場する常備野菜です。地元向けの沖縄そばの店の片隅には取り放題のトッピングとして備えられ、また定番料理のチャンプルーではちぎった葉を散らして香り高く仕上げることもあります。

海のハーブは抗酸化成分とミネラルの宝庫

　海岸沿いの岩場は、降り注ぐ日光に対抗するために抗酸化成分と海のミネラル成分を貯め込んだ、琉球ハーブたちの宝庫です。

　沖縄の代表食材として知られる「ゴーヤ（和名：ツルレイシ）」（ウリ科ツルレイシ属）ですが、原産地は東南アジア。現地のおばぁたちに言わせれば、本来の沖縄の苦味はゴーヤではなく、海辺の岩場に力強く生える「ンジャナバー（和名：ホソバワダン）」（キク科アゼトウナ属）であり、島の恵みが凝縮された沖縄原産ハーブの代表格です。伝統家庭料理の「ンジャナバーと島豆腐の白和え」は、苦味も和らぎ子どもも食べ

られます。またおばぁによると、「ンジャナバーの葉を長時間煮詰めると胃腸の薬になる」のだそうです。

　同じく、**海際に生える滋養豊かな琉球ハーブが「サクナ（和名：ボタンボウフウ）」**（セリ科カワラボウフウ属）です。その薬効の高さから「長命草」とも呼ばれており、一株食べるごとに一日寿命が延びると言い伝えられてきました。沖縄の伝統食である「ヤギ汁」や豚のモツを煮込んだ「中身汁」などの臭み消しと色づけ、また天ぷらやおひたしも美味です。

海岸沿いに自生（サクナ、ンジャナバー）　　ンジャナバーと島豆腐の白和え

　「タチバナ」以外の唯一の日本原産柑橘である「シークワーサー（和名：ヒラミレモン）」（ミカン科ミカン属）は、北部やんばるエリア特産の果実です。伝統食材としての側面の他、最近の研究では、認知症予防に効果を示すポリフェノール成分「ノビレチン」が注目されています。名前の由来は、その汁の強酸性を利用して、琉球伝統工芸である「芭蕉布」を柔らかくする仕上げ剤ということで、シー（酸い）クワーサー（加す、あるいは食わす）が語源といわれます。

崩れる沖縄長寿伝説と、望まれる健康食材

　このように、薬食同源の伝統に支えられた沖縄独特の土地環境が生みだす琉球ハーブの恵みは、島の人々の健康をつくってきました。しかし今、その貴重なおじぃおばぁの知恵が忘れられつつあり、それとともにかつての「世界一の長寿地域」は、「日本有数の不健康県」へと変化する逆転現象が起こっています。都道府県別にみた平均寿命データ（※2020年度）では、長年沖縄が守ってきた日本一の座を明け渡して、女性はすでに第16位、男性においては全国平均値を大きく下回り第43位となっています。さらに、生活習慣病予備軍の目安となるメタボリック・シンドローム該当者の割合は男女ともに日本一（※2021年度）となっています。

　沖縄は「昆布消費量日本一の県」として知られ、かつてはそれが沖縄の長寿の秘密ではないかといわれた時期がありました。しかし県民の健康状態が悪化の一途をたどる今も、「日本一の昆布食い」は変わりません。もちろん、長寿と健康を損なったのは食生活のみならず、飲酒習慣や身体活動の低下も大きな要因でしょう。しかし、沖縄の健康と長寿を支えてきたものが昆布だけでないとしたら、それは沖縄の地に生える生命力たくましい植物と、それを活かす暮らしの知恵だったのかもしれません。

　おじぃやおばぁによって継承されてきた琉球ハーブは、「根気薬（クンチグスイ）」、すなわち「元気と健康の素になるもの」と考えられてきました。こうした島の伝統植物の知恵の見直しと掘り起こしが、「長寿と健康の県」沖縄の復活の鍵を握っています。

column
和の暦と生きる

暮らしの基準「暦」が変わってまだ150年

　私たちは現在、元日から大晦日まで、365日の暦リズムの中で生活をしています。特に不自由に思わないかもしれませんが、この暦は日本人の暮らしに根づいてからまだ150年ほどの、いわば「新しい基準」です。それまではじつに1千年以上もの間、「旧暦」と呼ばれる太陰太陽暦が基準になっていました。当時の人々が生きる糧を得るための営みは、主に農耕や狩猟、漁労でした。そのため、できるだけ正確に季節の流れを把握し、栽培・採取の知恵を工夫することが、よりよく生きることと直結してきたのです。

　ただし同じ日本でも気候風土は地域ごとに大きく異なるため、「ものさし」となる暦が1つではフィットしません。そのため江戸時代には、全国各地の実情に即して練られた独自の「地域暦」が発達していたといいます。

　ところがあるタイミングで日本は大きな転換点を迎えます。明治5年（1872年）12月、時間軸は「新暦（グレゴリオ暦）」と呼ばれ、現在も使われる太陽暦へと変更になったのです。理由としては西洋の文明と肩を並べ、効率重視を進める側面がありましたが、たった1つの暦なうえに、日本の地域実情からはズレており、日常から旬や季節感が奪われていく端緒となったのです。果たしてこれは、暦の改変当時の人々が予想し得た変化だったでしょうか。

自然の姿が「兆し」を教えてくれる

　日本人ならではの感性は、四季が豊かな日本において、移りゆく季節や天体の変化をとらえることで磨かれてきたことでしょう。たとえば春、気づけば昼の時間が長くなり、肌にあたる風や水の冷たさがゆるみ、聞

こえてくる鳥の声が変わり、空気の中に新しいにおいが混じって、顔を出した若芽の苦みと旨みをいただく……。

　現代でも、ツイッター（Twitter）は全世界で日本人がもっとも使用頻度が高いそうですが、そもそも日本人は感性や感覚を共有するスキルに優れているようです。先人たちも月の満ち欠け、山・海の色の変化、足元の植物の四季の変化を発見し、今の私たちと同じように、仲間と盛んにつぶやきあっていたことでしょう。鎌倉時代に生きた兼好法師（吉田兼好）もまた、自らの随筆集『徒然草』の中で「をりふし（折節）の移り変はるこそ、ものごとにあはれなれ」とつづっています。

季節を読む目安　〜「二十四節気」と「雑節」

　先人たちが遺してくれた季節の指標に、「二十四節気」と呼ばれるものがあります。これは1年を24に区分し、およそ15日ずつの「兆し」を言葉にまとめたものです。同時に、二十四節気は中国北部地方の季節が元となっていて、日本の実情にはそぐわない面もありました。よって節分や八十八夜などの「雑節」を新たに入れて、日本の季節の実感を得られるようにしています。

　こうした目安は旧暦をベースにしているため、たとえば「五月雨」は現在の梅雨（6月頃）を示すように、現代の日付を1か月ほど遅らせて考えてみましょう。すると、言葉が道しるべとなって、季節をとらえ、自然とともに生きる喜びを実感できるようになります。文字どおり「穀雨」の頃には、穀物の生長を促す柔らかい雨が降り、真夏の頂点に訪れる「立秋」には、秋を偲ばせる風がすっと吹き抜けます。

　今、日本人の「季節の兆しを読む」楽しさが忘れられていっているように思います。「和ハーブ」に気づき、それを日々の暮らしの中で使おうとすることは、そうした感覚を取り戻すきっかけになります。

●季節をとらえる「二十四節気（にじゅうしせっき）」

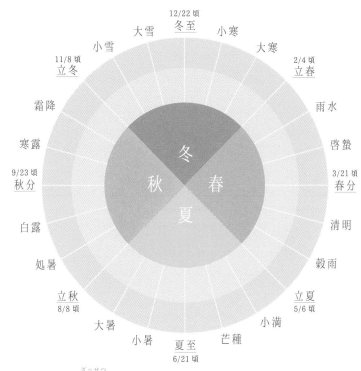

●日本独特の「雑節（ざっせつ）」

中国由来の二十四節気では把握しづらい季節の変化を知るために考えられた、日本独自の暦日です。

人々の経験から生まれ、農作業行事と深く関わっています。

下記の他、春・秋のお彼岸（ひがん）や社日（しゃにち）、初午（はつうま）なども雑節に含まれます。

節分 （＊1）	せつぶん	2/3 頃
八十八夜	はちじゅうはちや	5/2 頃
入梅	にゅうばい	6/11 頃
半夏生	はんげしょう	7/2 頃
土用 （＊2）	どよう	7/20 頃〜
二百十日	にひゃくとおか	9/1 頃
大祓	おおはらえ	6/30、12/31

＊1　本来は四季の始まりを表す立春・立夏・立秋・立冬の前日を意味するが、現在の暦では立春の前日を指す
　　　ようになった。

＊2　本来は立春・立夏・立秋・立冬の前の 18 日間を示す季節の変わり目にあたるが、現代では一般的に夏の
　　　土用を指す。

※目安の日付は新暦による

第3章

和ハーブ・サイエンス
[食] のサイエンス

　人が生きていれば、病気やケガなどの健康上のトラブルはつきものです。

　近代医療以前、病院や薬局が整備されていない時代から、世界中の人々が病苦と闘う歴史を強いられてきました。

　それは日本人も例外ではありません。

　同時に人が住むところには、必ずその土地の事情を反映した、オリジナルの暮らしの知恵が存在します。では、病魔や怪我に対処してきた日本人の暮らしの知恵とは、いったい何だったのでしょうか？

　それはやはり、日本の土地に生える植物たちを活用したものであり、漢方医学や西洋医学とは一線を画した日本の民間オリジナル療法「和薬」というものでした。

　和の薬草たちの素晴らしい効能は、近代薬学においても証明されています。現代と未来に受け継がれるべき、日本の古の知恵です。

和ハーブ有効成分の話

植物の有効成分の作用と吸収経路の種類

　皆さんは日々、食事から栄養を摂り、ハーブティーを飲むなどして体調を維持します。そしてもし体調を崩したときには、飲み薬や塗り薬を使います。このように、私たちはさまざまな植物の有効成分を身体に効かせて、健康の維持や病気への対処を行うのですが、その効き方は、大きく2つに分かれます。

　たとえば**虫さされ**には「ヨモギ」（キク科ヨモギ属）、かぶれや水虫には「ドクダミ」（ドクダミ科ドクダミ属）の絞り汁を患部に塗り込む民間療法があり、実際に効果を発揮します。これはヨモギの「タンニン類」が皮膚のタンパク質を変質させる作用（収斂作用）などで結果的に炎症が治まったり、ドクダミの「アルデヒド類」が細菌などの微生物を殺す作用（殺菌作用）で改善したりするのです。このように、有効成分が投与された周辺部分のみで作用する場合を「局所作用」と呼びます。

　一方、世界で初めて抽出され、合成医薬品になった植物成分が「ヤナギ」（ヤナギ科）の木が持つ「サリチル酸」という物質ですが、サリチル酸は体内に吸収されると、全身の痛み・炎症を発現させる成分の生産を抑えます。このように、その**有効成分が血流などで全身に運ばれ、投与された局部以外に作用する場合**を「全身作用」といいます。

生のドクダミの特徴的なにおいに殺菌・消炎作用がある。たくさんの効き目があることから「十薬」とも呼ばれ、お茶に、入浴にと、家庭で万能な和ハーブ

　有効成分の作用におけるこの2つの言葉は主に薬学の世界で用い

られるものですが、広い意味では食事に含まれる栄養素の作用も「全身作用」の部類に入るといえるでしょう。

　次に、私たち人間が外部の物質を体内吸収する経路としては　①粘膜吸収　②経皮吸収　③肺吸収　の3種類があります（注射や挿管などの医療的行為は除く）。この場合の「体内吸収」とは、基本的に血管内に吸収されることを指します。

　なお誤解されがちですが、消化管内は「体外」となり、食べたものが消化・分解され、小腸の粘膜を介して血管に摂り込まれた時点で、初めて体内吸収されたということになります。

①粘膜吸収：表皮に覆われない外部面（口、鼻、眼球、肛門、膣、各臓器の上皮）から体内に吸収されるもの
②経皮吸収：表皮（皮膚の最上部）を通過し、皮下にある毛細血管などに吸収されるもの
③ 肺 吸 収：肺に吸い込まれた気体状の物質が、肺胞のまわりにある毛細血管へと吸収されるもの

　植物の有効成分が身体に及ぼす作用には、「香り効果」もあります。これは成分が体内に吸収されて起こるものではなく、植物の揮発性成分が鼻腔内の嗅神経に作用し、その電気信号が記憶や情動に関与する大脳辺縁系に送られて起こる心身への作用です。すなわち、ある香りを嗅いだときに身体がリラックスしたり、逆に興奮したり、あるいは記憶がよみがえったりすることによる、自律神経のスイッチ効果です。効果の内容と質は、人それぞれの記憶などに左右されるので一定のパターンをつけるのは難しいですが、睡眠の質の向上や認知症改善などに適用は可能です。

　さて、ここで実際の暮らしのシーンを切り取って、植物成分の身体に対する吸収・作用の様子を見てみましょう。

　あなたは季節の変わり目で風邪を引いたのか、体調が悪いようです。そこでシソとエゴマオイルを使った和風ペペロンチーノと、ヨモギ・クロモジ・トウキの和ハーブティーをつくろうと考えました。

　まずは包丁でニンニク、トウガラシ、シソをみじん切りにしました。ニンニクには揮発性の硫黄化合物「硫化アリル」が含まれ、同じ成分を含むタマネギを切ったときのように、目の粘膜を刺激して涙が出てくることがあります（→眼の粘膜への局所作用）。まな板からは強烈なニンニク臭と同時に、シソの揮発性のモノテルペン類「ペリルアルデヒド」や「リモネン」のよい香りが漂い、鼻が通って少し気分がよくなってきました（→鼻の粘膜への局所作用、香り効果）。

　さらに指先がヒリヒリするのは、トウガラシのアルカロイド類「カプサイシン」が、皮膚の痛みに関する受容体を刺激するからです（→皮膚への局所作用）。痛みを止めるために、和精油でつくった炎症に効果がある軟膏を少しだけ塗っておきました（→皮膚への局所作用）。

　一方、やかんで沸かしている和ハーブティーから香り高い蒸気が漂ってきました。クロモジの香りが大好きなあなたは、そのありがたみを全身にもらう気持ちで深呼吸をしました（→香り効果）。

　さて、調理は終わり、お待ちかねの食事タイム。

　少しアルデンテに仕上げたパスタに香り高いエゴマオイルをかけて、よく噛みながら美味しくいただきます。パスタの糖質やタンパク質、またエゴマオイルの脂質が胃腸へ送り込まれ、消化・分解され、小腸上皮細胞から体内に吸収されます（→消化管粘膜からの吸収）。また、たっぷり散らしたシソの食物繊維は、一部は腸内細菌の分解を受けますが大

部分は吸収されず、いずれ大腸の排便を促します（→食物繊維の大腸への局所作用）。

　食事が進むにつれて血糖値が上がり、三大栄養素の消化時に起こる「食事誘導性体熱産生＊1」が起きて身体が温まり、元気になってきた気分です（→各栄養素の全身作用）。

　大好きなトウガラシを多めに入れたせいか、さらに身体がポカポカして汗が出てきました。これはカプサイシンが交感神経を刺激して、褐色脂肪細胞の熱産生を活性化したせいです（→カプサイシンの全身作用）。

　ちなみに和ハーブティーに入っているヨモギのタンニン成分は、トウガラシやニンニクなどの刺激による消化管粘膜の炎症を抑えてくれる効果が期待できます（→消化管粘膜への局所作用）。

　同じくトウキに含まれる芳香族化合物「フタリド」という成分は、血管を拡張して血流を上げ、熱に弱い風邪ウィルスへの抵抗力を高めてくれます（→フタライドの全身作用）。

　お腹がいっぱいになり、和ハーブティーの香りでリラックスしたのか、眠気を催したあなたは、明日に備えてベッドに入る準備を始めました（→香り効果）。

　どうやらひきかけの風邪は治まってくれた模様……和ハーブの恵みに感謝！

＊1　食事誘導性体熱産生とは、食事をすることによって体内で熱が発生し、カロリーが消費される生理作用のこと。

　生物が自分の生命維持のために外界などから摂り入れる必要がある物質を、総じて「栄養素」と呼びます。

　植物は太陽熱をエネルギーとして、二酸化炭素と水を原料に、まずはブドウ糖などの単糖類を生産します（光合成）。さらにそれら単糖類を基原物質に、土中から吸い上げたミネラルなどを合成して、自分の生命維持に必要な物質をすべて体内で自家生産できてしまいます。

　対して、人をはじめとする動物は、生命維持に必要な栄養素をゼロから自家生産することはできず、植物や他の動物を餌として食べ、それを体内で代謝することで、生命維持していける構造になっています。つまり人間（動物）の身体は、植物によってつくられていると言い換えることができます。

　栄養素のうち、エネルギー（ATP）の原料になる「糖質」「タンパク質（アミノ酸）」「脂質」の３つの物質は「三大栄養素」と呼ばれます。さらにその三大栄養素を体内処理（代謝）するときに必須の「ビタミン」「ミネラル」の２つの物質を加え、「五大栄養素」と呼びます[*2]。

　さらにこれら五大栄養素は、人が食べたものを原料に、体内において合成できるもの、できないものに分かれます。このうちの後者、つまり「人の生命維持に必要だが、体内で合成できず、食べ物から直接摂取しなければならないもの」を総じて「必須栄養素」と呼びます。

　たとえば、体内では20種類が確認されているアミノ酸（タンパク質の原料）のうち、リジン、トリプトファン、バリンなどの、体内で合成できない９種類を「必須アミノ酸」と呼びます。また脂質においては、オレイン酸などのオメガ９系脂肪酸は人の体内で合成できますが、オメガ６系脂肪酸やオメガ３系脂肪酸は体内合成ができないため、この２種類を「必須脂肪酸」と呼びます。

　ビタミンやミネラルにおいては、そもそも体内合成できないか、体内合成分だけでは不足する（ビタミンD、ビタミンK）ために、これらは必須栄養素となります。

＊2　水や酸素も、生命維持のために本来は外界から摂取することが必須の物質であるが、「栄養素」のくくりからは外れる。

五大栄養素とその他の栄養素

有機化合物	五大栄養素	三大栄養素	エネルギーとなるもの	糖質、タンパク質、脂質
			補酵素として働くもの	ビタミン（水溶性：B、C／脂溶性：A、D、E）
	その他の栄養素	上記以外の有機質	必須栄養素では無いが、摂取すると身体によい影響を及ぼすといわれるもの	食物繊維（水溶性／不溶性）フィトケミカル
無機化合物	五大栄養素	必須ミネラル	生体維持に必須とされるもの	主要ミネラル（ナトリウム、カリウム、カルシウム、マグネシウム、リン、硫黄、塩素）
				微量ミネラル（鉄、亜鉛、銅、ヨウ素、セレン、クロム、コバルト、マンガン、モリブデン）
	その他の栄養素	非必須ミネラル	必須栄養素では無いが、摂取すると身体によい影響を及ぼすといわれるもの	フッ素、ケイ素、バナジウム、ニッケル等

紙も布も食べれば糖分？

　五大栄養素以外の植物が体内でつくる物質として、「かつては身体に必要ないものだったが、近年は健康を維持するうえで重要とされる」ものが「食物繊維」です。

「食物繊維」といえば、「消化吸収できないが、便秘改善、血糖値降下などの健康効果がある[3]」との情報が一般的に知られていると思いますが、化学構造的には「糖（炭水化物）」に属します。

　糖分ならば、食物繊維を食べたときに逆に血糖値が上昇したり、肥満の原因になったりするはずですが、実際にはそのようなことはまず起きません。これはいったいどういうメカニズムなのでしょうか？

[3]　最近の研究ではすべて排出されず、腸内細菌に単糖類まで分解され、体内吸収されることがわかっている。

　人は糖分（多糖類）を摂取したとき、小腸で消化酵素によりブドウ糖や果糖などの「単糖類」にまで分解しないと、小腸の壁の穴（上皮細胞）をくぐり抜けて体内に吸収しない構造になっています。すなわち**食物繊維とは、多糖類のうち、人間の消化酵素で単糖類まで分解できない糖質の総称ということになります。**

　わかりやすい例でいうと、「コンニャク」は０キロカロリー食品として有名ですが、その原料植物は「蒟蒻芋」です。「イモ」といえば高カロリー食材ですが、じつはコンニャクもそのとおりで、100ｇあたり400キロカロリーほどの熱量を持ちます。しかしその主な構成物質である多糖類（グルコマンナン）は、人の消化酵素では分解することができず、結果的に摂取キロカロリーはほぼゼロになる、というわけです。

　つまり「コウゾ」（クワ科コウゾ属）からつくられる和紙や、「アサ」（アサ科アサ属）からつくられる麻布も、大きな意味では糖分の一種ということ。有名な童謡の白ヤギさんのように、たとえば和紙に醤油をかけて食べれば、それは「食物繊維」となります。

　なお、この**食物繊維**は、水に溶けにくい「不溶性食物繊維」と、水に溶けやすい「水溶性食物繊維」の２種類に分類されます。

　不溶性食物繊維はスジっぽくザラザラした形状が多く、植物の細胞壁を構成し、主に骨格・筋肉的な役割を果たしている物質です。その代表は「セルロース」で、世界の全植物質の1/3を占めるといわれるほど多く存在し、これを分解する酵素「セルラーゼ」を持つ生物は、細菌類と一部の真菌類だけといわれます。

　一方、**水溶性食物繊維**はゲル状で粘っこい形状が多く、貯蔵栄養素として細胞内に蓄えられ、種子散布を目的に動物に食べられやすいよう、熟した果実（発芽可能となった種子）の果肉部などに存在します。

　動物や鳥に種が散布することにより子孫を残す植物たちは、この２種類の食物繊維を使い分けることで「動物たちの食欲」を操ります。

　種子に発芽機能がない期間は、果肉をかたい不溶性繊維質に保ち、味も渋味や酸味を出して、動物たちに食べる気を起こさせません。ところがいざ種子が熟せば、果肉の細胞壁を柔らかい「水溶性ペクチン」に変化させ、動物たちが好む色や香りを出します。またタンニンや有機酸を化学変化させて渋味や酸味を減らし、デンプンを単糖類や二糖類に分解し甘くして「食べて！」とサインを出します。

　さらに面白いことに、これらの果肉には発芽を妨げる成分が含まれていて、動物の咀嚼（そしゃく）や消化作用を受けなければ発芽できないなどのシステムが備わっている植物も

パパイヤ：沖縄では伝統的に、不溶性食物繊維が多い果実が青い時期は野菜として、熟して水溶性食物繊維が増えると果物として食べられる

少なくありません。それは果実が親木から下に落ちてその場で育ってしまえば、親の命を脅かすことになりかねないので、あくまで「動物に食べさせて遠くに運ばせる」ための植物の戦略です。

　なお「フィトケミカル」（Phyto フィト＝植物、Chemical ケミカル＝化学的な）とは、植物がつくる有機化合物のうち、五大栄養素に含まれる「糖質」「アミノ酸」「脂質」および「食物繊維」以外の物質の総称で、植物の「二次代謝産物」と呼ばれるグループに属すものです。抗酸化、消化促進、生物活性などの機能を持ち、色素成分「アントシアニン」、辛味成分「カプサイシン」、揮発成分「シニグリン」など、多くの種類があります（二次代謝産物については1級テキスト第2部第3章にて詳述しています）。

第4章

和ハーブ・ライフスタイル
和ハーブのある暮らし

　和ハーブは、長い歴史の中で日本の風土や文化と繋がり、暮らしに役立てられてきた植物たちです。
　またそれらは現代においても、暮らしのさまざまなシーンに取り入れていくことができます。

　本章前半では、和ハーブの入手方法、その後の乾燥保存までの基礎を学びます。
　また後半では、具体的な活用の基本や、和ハーブならではの楽しみ方のアイデアを紹介します。

　暮らす環境やライフスタイルに合わせて、自分らしい「和ハーブのある暮らし」を見つけ、実践していきましょう。

本章 69 〜 111 ページは 1・2 級共通の出題範囲です。
93 〜 95 ページおよび、101 〜 104 ページの「応用編」
は試験範囲外の参考資料となります。

和ハーブの
入手法と活用準備

和ハーブ素材を手に入れる

和ハーブは日本各地の気候風土に合った植物です。そのため、身近な自然をよく観察してみると、じつに多くの和ハーブが生育していることがわかります。本来の野生の色、姿形、香り、感触などを自らの五感で確認することができるのもまた和ハーブの魅力です。

フレッシュな和ハーブを暮らしに取り入れる方法としては、

1) 自然から採取する
2) 庭や畑などで自家栽培する
3) 販売店やインターネットを通じて購入する

という3とおりの入口が考えられます。入手したフレッシュ和ハーブを適切に処理・加工し、保存しておくことで、暮らしの中で継続的に活用することができます。

和ハーブを自然から採取する

自分で和ハーブを採取し、暮らしに活用する際のポイントや注意点をまとめます。

1　場所

野生の和ハーブが生育する場所としては、草地、里山、森林、山林、海岸、河岸等があげられ、できる限りその土地本来の自然が保たれた環境で育つものを採取します。また、採取には原則、土地の所有者や管理者の許可が必要になります。

許可がなければ採取できない場所

●原則、採取が禁止されている場所（自然保護区、国立公園、国定公園など）。

●私有地の場所（個人、法人、団体所有の山林など）。

採取を避けたほうがよい場

●農薬、ペットの糞尿、土壌汚染等、人体にとって危険性がある物質が、そこに生息する植物に付着・含有されている可能性がある場所。

2　採取のマナーとルール

　野生の和ハーブは海外産ハーブと違い、自然に生息している状態で採取することができるのが魅力です。ただし植物資源は、有限であり、マナーを守らなければ絶滅させてしまいます。それは結果的に、将来にわたって和ハーブの恵みをいただくことや季節の喜びを私たち自身から奪うことになります。そのため和ハーブを学ぶ方々には、自然と共存する意識を根底に、いっそう高いレベルにおいて、採取のマナーとルールの徹底・定着が求められます。

採取のマナーとルール

●採取に必要な部分だけを、少量持ち帰ること。一度に大量採取をしたり、むやみに根を掘り起こしたり、枝や蔓を切らない。

●個体数の少ないものは採取を避け、たとえ群生していても、次の年の生育を考慮する。

●絶滅危惧種など、採取自体が法的に禁止されているものもある。

特に以下の植物の個性（特徴）を知ったうえで、採取量・方法を調整すること。

1．一年草の採取タイミングに気をつける

播種～枯死のサイクルが一度だけなので、種子が散布される前に全草を採取すると、子孫を残すことができません。

2．多年草で開花・結実に時間のかかる種類を知る

種類によっては、開花から結実までに比較的長い期間を要するものがあり、その前に採取すると一年草同様に子孫を残せなくなる可能性があります。例として、開花までトウキはおおよそ3年、ギョウジャニンニクは5～7年ほどかかります。

3．採りすぎるとその個体が枯れてしまうような行為

タラノキやコシアブラは、もともと枝をたくさん出さないため、全ての新芽を一度に採取してしまうと個体そのものが枯れてしまいます。樹皮も幹の同じ高さをぐるりとはぎ取ると、枯死につながります。

3　部位別の採取時期・方法

　和ハーブの活用においては、必要な部位を目的に合った最適な時期に採取できることがベストです。

採取時期と採取方法の目安

	採取時期	採取法	ポイント
全草	開花期	傷つけないように根を掘る	未熟なものは採取しない
葉・茎	〈食〉新芽期 （主に春頃） 〈薬〉成葉期	新芽・若葉は手で摘む 成葉・茎は つけ根から手で摘む	柔らかくクセがない 美味しい部分は 手で摘める
花	開花期、 蕾が膨らんだ 開花直前	手または ハサミで摘む	小花は振って落とす
根	〈食〉地上部が枯れた時期 ～開花前 〈薬〉地上部が枯れた時期	スコップで根を 傷つけないように 掘る	花の時期に 位置を確かめておく
果実	完熟期	手またはハサミで摘む	枝ごと折らない
樹皮	梅雨～初夏	少量を縦にはぎ取る	コルク層は取り除く

〈食〉柔らかさ・おいしさ・栄養価の点でもっとも適した時期
〈薬〉薬効成分がもっとも高まる時期
　※果実はその香りや味を目的に、あえて未熟な時期に摘む場合もある（ウメ、サンショウなど）

適した服装

帽子：つばのあるもの、日差しを避ける、背の高い植物や蔓性植物などが目に直接入るのを防ぐ

襟のついた長袖シャツ：虫さされやウルシなどのかぶれから素肌を守る、直射日光を避ける、とがった枝による切り傷を防ぐ（首元に手ぬぐいを巻くのもよい）

長ズボン：ゆとりがあって動きやすいもの、汚れてもよいもの、撥水加工のある素材

手袋（軍手・園芸用ゴム手袋など）：トゲや毒性のあるものから手を保

護する、滑り止めつきが望ましい

靴：歩き慣れたもの、軽登山靴（雨天時やぬかるみ、小石や飛び出た根など不安定な地面での足首の保護に）、履き口が締まる長靴（雨天時の草むらでのヒル刺され予防に）、厚手の長靴下

リュック：作業時の両手が自由になるもの

その他：蜂の被害などを防止するため黒色系の服や帽子は避ける、香水類はつけない

5　持ち物

道具類：剪定ハサミ、草刈り鎌、ナイフ、スコップ、カゴ、ビニール袋（植物の種類ごとに分けて持ち帰るのに便利）、新聞紙　など

その他：植物図鑑、虫メガネ、カメラ、メモ帳、筆記具、手ぬぐい（またはタオル）、雨具、地図、飲み物、軽食、虫よけスプレー、応急手当セット　など

6　体調管理

　採取作業やフィールド観察中は、水分補給が不足しがちです。特に春～夏は熱中症予防のため、喉が渇く前に適宜、水分補給を実施するようにします。また、作業中に疲れや不調を感じたら無理をせず、早めに日陰に移動し、休憩するよう心がけます。複数名で作業・移動する場合は仲間同士で声掛けをして、顔色や体調を確認し合います。

　歩行時は岩場や段差でのつまずきや捻挫、尾根での滑落など、思わぬケガを招く危険性もあります。歩き慣れた靴で参加する、危険箇所は無理せず回避する、健康保険証を携帯する、民間のレジャー保険に加入する等もリスクを減らす手段として有効です。

和ハーブの見分けのコツ

　植物を有用するには、植物の種類を正確に同定（見分け）できる知識と技術が必要です。同定の第一歩は、葉・茎・花・果実・樹皮などの見た目の個性をできるだけ正確に観察し、把握することです。図鑑資料だけで学習すると、実際の大きさや色、部位の詳細、時系列の変化を把握しづらい側面もあるため、必ず和ハーブが生息するフィールドを歩いて実物を観察することが大切です。豊かな自然環境が身近にない場合でも、公園や街路樹、植物園、あるいは空き地、庭や田畑等で和ハーブを確認することができます。季節を変えてフィールドに繰り返し足を運び、図鑑等と照らし合わせて同定をし、経験値を高めていきます。

　また、和ハーブを同定するにあたり、もっともポイントになるのが「葉」の特徴です。これは花や果実は植物の特徴をよく表していてわかりやすい反面、ほとんどの植物において開花や結実の期間が限られているためです。観察する際は、葉の全体や葉縁の形状、つき方（葉序_{ようじょ}）、葉柄_{ようへい}と枝・茎の関係、香りの有無、常緑か落葉か等の特徴を意識して確認していくよいでしょう。

毒性のある植物（有毒植物）について

　和ハーブの採取に際し、もっとも避けなければならないリスクが、有毒植物の誤採取です。生活居住区域のすぐ近くにも、毒性のある植物はごく普通に生えています。これらの中には飲食用の和ハーブと見た目の姿形、サイズが似ている場合や、同じような環境の中に混生していることがあります。

　植物に含まれる成分には、少量でも人間の正常な生理活動の恒常性を乱す「毒」となるものがあり、最悪の場合は死に至るケースがあります。よって、有毒植物については特に正しい同定の技術と知識が必要です。

和ハーブの見分け方の基本

落葉樹
・薄い
・色が明るい
・光沢が少ない

常緑樹
・厚い
・色が濃い
・光沢が強い

ごせい
互生

たいせい
対生

りんせい
輪生

きょしえん
鋸歯縁

鋸歯

ぜんえん
全縁

しんじょうよう たばじょう
針状葉／束状

1本が1枚の葉

しんじょうよう はねじょう
針状葉／羽状

1本が1枚の葉

りんじょうよう
鱗状葉

1片が
1枚の葉

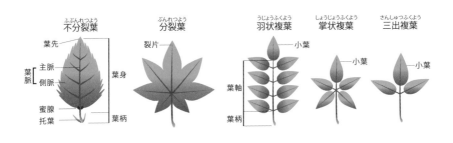

ふぶんれつよう
不分裂葉

葉先

葉脈

主脈
側脈

蜜腺
托葉

葉身

葉柄

ぶんれつよう
分裂葉

裂片

うじょうふくよう
羽状複葉

小葉

葉軸

葉柄

しょうじょうふくよう
掌状複葉

小葉

さんしゅつふくよう
三出複葉

小葉

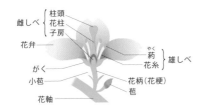

雌しべ
柱頭
花柱
子房

花弁

がく

小苞

花軸

やく
葯
花糸

雄しべ

花柄(花梗)

苞

76

有毒植物を誤採取しないためのポイント

● 日頃より、有毒植物そのものの種類や特徴、姿形が類似して間違えやすい植物について学習する。

● 採取に際して、まずは詳しい人に同行する。

● 「100％確実でなければ、触らない・採取しない・使用しない」を必ず守る。

● 採取してきたハーブの中に混在する別種の植物を、丁寧に取り除くクセをつける。

● 毒草は、口の中に入れた場合、しびれることが多い（ただし、そうでない種もある）。

● 経口摂取だけでなく、経皮吸収（皮膚から吸収する）毒をもつ植物についても学習する。

代表的な有用植物の例

有毒植物名	間違えやすい和ハーブ	特徴的な中毒症状
草本　キツネノボタン	ヨモギ・セリ	嘔吐・下痢・痙攣・皮膚かぶれ
草本　クサノオウ	ヨモギ	嘔吐・呼吸困難・皮膚かぶれ
草本　スイセン	ニラ・ノビル・ワスレグサ・アサツキ	嘔吐・下痢・昏睡
草本　トリカブト	ゲンノショウコ・ヨモギ・ニリンソウ・モミジガサ	嘔吐・下痢・痙攣・意識混濁・呼吸困難
草本　ドクゼリ	セリ・その他のセリ科植物	嘔吐・下痢・意識混濁
草本　バイケイソウ・コバイケイソウ	オオバギボウシ（ウルイ）・ギョウジャニンニク	嘔吐・痙攣・呼吸困難
草本　ハシリドコロ	オオバギボウシ（ウルイ）・フキノトウ	嘔吐・幻覚・瞳孔散大
草本　ヒガンバナ	ニラ・ノビル・アサツキ	嘔吐・下痢・中枢神経麻痺
草本　フクジュソウ	フキノトウ	嘔吐・呼吸困難・心臓麻痺
木本　ドクウツギ	ウツギ類	猛烈な痙攣・呼吸困難
木本　シキミ	トウシキミ（八角、スターアニス）	嘔吐・下痢・痙攣・意識障害

　和ハーブを手に入れる場所が近くにない場合、自家栽培するのもおすすめです。

　栽培には、自然から採取または購入した種、苗、挿し穂を、庭や畑に地植えするほか、プランターや鉢で管理しながら育てる方法があります。日々の生長を見守りながら、タイミングよく摘み取ってフレッシュな素材を料理やクラフトに使ったり、季節感を楽しんだりすることができます。

　先人たちも庭先に和ハーブを植えて、食に薬に、必要に応じて活用してきました。身近にあることで飲食への活用がしやすくなるほか、「和ハーブガーデン・ファーマーシー」つまり「足元の庭が薬局代わり」となり、日々のセルフケアに役立てやすくなります。

　和ハーブは長らく日本の気候風土に順応してきた植物であり、条件さえ合えば比較的育てやすいのも特徴です。そのため、植物ごとに適した本来の生育環境を用意してあげることで、植物への負担が少なくおおらかに育ちます。ここからは栽培管理にあたってのポイントをまとめます。

1　日照

　和ハーブを栽培する際、もっとも大切なことは、日照条件です。その植物が日向を好む種類（陽性植物）か、または日陰〜半日陰を好む種類（陰性植物）かを押さえることがポイントです。

　日照が多いと葉が焼けたりかたくなったりする一方、日照が足りないと徒長して色や香りが不足する場合もあります。また、暖かいエリアで

育つ多年草の場合、冬場に急激に気温が下がると枯れたり休眠状態になることがあります。基本的にはできるだけ夏の直射日光や西日が当たりにくい場所、冬の霜が当たらない場所を選んで植えていきます。また冬場に室内のキッチンポットで育てる場合は、窓辺などに置いて太陽光を当てながら管理するとよいでしょう。

主な食の和ハーブの栽培適地

※和ハーブ本来の香りや味、彩りを楽しむために

◇日　　向　イブキジャコウソウ、ウメ、カキノキ、クワ、ゲットウ、サンショウ、スギナ、スベリヒユ、タチバナ・ユズなどの柑橘類、チャノキ、ナギナタコウジュ、ハマナス、ヨモギ、ワスレグサ、ワラビなど

◇半日陰　カキドオシ、クロモジ、シソ、セリ、ハッカ、ヤブニッケイなど

◇半日陰〜日陰　ドクダミ、ハンゲショウ、ユキノシタなど

２　水・湿度

　和ハーブ栽培にとって水は、１と同様、大切な要素です。まずは和ハーブが自生しているエリアの環境を確認し、それらが乾燥を好むか、湿潤を好むかという特徴を知ることが大切です。

　植物の光合成は午前中が活発になるため、土の表面が乾いていたら、朝にたっぷりと株の根元に水やりをします。プランターや鉢で寄せ植えをする場合は、見た目や有用性ばかりでなく、水への特性を考えて混植します。なお、プランターには湿気が溜まりやすく根腐れを起こしやすいため、鉢底に水が溜まっていないかを日々確認しながら、水やりの量を変えていくとよいでしょう。

　また和ハーブは生命力旺盛で短期間で繁茂しやすいものも多いため、

適度に切り戻しや間引きをして、風通しのよい環境をつくります。

3　土および肥料

　基本的に生命力が旺盛な和ハーブは、施肥の必要はほとんどありません。ただし、植物ごとに好む土壌はあるので、採取した場所の土、または似た土壌で育てることがベストです。移植して栽培すると病気にかかりやすくなったり、枯れてしまったりすることがあるのは、土が理由の場合があります。プランターなど土が多くない環境で育てる場合、肥料をうまく利用する方法もあります。

　肥料の種類には有機肥料と化学肥料がありますが、自然に近く効き目が穏やかで、微量元素も含まれる有機肥料がおすすめです。和ハーブは生長が早いものが多く、養分を吸収しやすいため、施肥する場合はゆっくり効いていく緩効性肥料を選ぶとよいでしょう。

　特にプランターや鉢植えの場合、生長に伴って根詰まりを起こすこともありますので、年1〜2回を目安にひと回り大きな鉢に移して（鉢上げ）、新しい土を入れて植え替えをするとよいでしょう。市販のものではハーブ用の土が水はけを調整されています。

Point 和ハーブ腐葉土を活用する

　剪定や除草で集まった和ハーブの枝葉や落ち葉をコンポストに入れておき、米ぬかや竹炭と混ぜ、水をかけて月一回程度天地返しをすると自然に発酵が進み、およそ半年で手づくりの和ハーブ腐葉土がつくれます。

4　お手入れ

●虫避け

　特に新芽は虫や卵がついていたり、かじられたりすることがあります。直接手や箸などで取り除いたり、水やりの際に強い水をかけて洗い流し

たりするほか、ハッカなど植物性のオイルを含んだ忌避剤を週1〜2度散布して虫を避けるのもよいでしょう。

●植え替え

プランターの中で根が張りすぎてしまい、土から栄養を取れなくなり、葉のつきが悪くなることがあります。その際は根の下3分の1程度を切って、新しい土を入れて植え直すとよいでしょう。根が促進され元気を取り戻し、新しい土から栄養をもらってよく育つようになります。地植えの場合も同様に、植物が元気な春か秋の植え替えがおすすめです。ただし蕾や開花期は避けます。

●摘心・切り戻し

伸びた茎の先を摘むことで、脇芽の生長を促し、株全体の生長も促します。収穫したものは和ハーブティーや料理などに活用して楽しみましょう。また咲き終わりの花殻を手で摘み取ることで、花を長く楽しむことができます。花後に枝や茎をカットすると、次の新芽が出やすくなります。

●剪定

枝葉を切ることで見た目の形を整えるほか、日照と通風を確保して生長を促します。樹種により剪定の適期は異なります。

5　繁殖

●種から育てる

特に一年生の草本類は開花〜結実まで待ち、完熟した種を採取しておきます。種を蒔く時期は和ハーブの種類によって異なります。

参考：一般的な播種の目安
春蒔き→（夏から秋に花が咲くもの）3月下旬〜5月下旬
秋蒔き→（寒さに強く春に花が咲くもの）9〜10月中旬

●苗から育てる

　一般に和ハーブの苗は専門の種苗店、ホームセンターの園芸・ガーデニングコーナー、農産物の直売所の「野草・山野草」の表記で販売されていることがあります。購入時には信頼できるスペシャリストに、選び方や栽培管理方法のアドバイスを尋ねてみるのもよいでしょう。

●挿し木・挿し芽で育てる

　和ハーブの種類によって挿し木・挿し芽で増やすことができます。市販の発根剤を活用して切り口に塗ると発根しやすくなります。

　　挿し木に向く和ハーブ…………シソ科・キク科・樹木類　など
　　挿し木に向かない和ハーブ……セリ科・イネ科・ユリ科　など

●株分けする

　休眠期に大きくなった親株から根や茎を切り離し、新しい株を植え直すことで、株が若返ります。

伊吹山の和ハーブ名人の庭。トウキ・ゲンノショウコ・オトギリソウ・カワミドリ・カキドオシなどが群生し、暮らしに活用している

和ハーブを保存する

　採取した和ハーブをそのまますぐに活用しない場合、保存をします。フレッシュもドライも鮮度が命。質のよさを保つために、和ハーブは必ず採取したその日のうちに保存処理をしましょう。

　慣れないうちは、保存処理が予想以上に時間と手間がかかる作業であることも頭に入れておきましょう。加えて、栽培・採取・購入できる時期が限られている素材も多いことから、保存の方法をマスターすることが和ハーブを生活に生かすポイントになります。

①　採取場所から持ち帰る

　採ったものは、歩いて行ける距離であれば、カゴやビニール袋に入れて持ち帰ります。距離がある場合は、根や茎の切り口部分を湿らせたペーパータオル等で包み、全体を新聞紙でくるんでおきます。

　特に暑い時期は和ハーブ本来のもつ芳香成分が揮発し、摘んだ和ハーブの水分でビニール袋が蒸れてしまい、色素その他有効成分を急激に変質させてしまうこともあります。一度水分を拭き取り、ビニール袋の口をあけたまま持ち帰るとよいでしょう。また移動時の保管場所が高温多湿にならないよう、気を配ります（例. 自動車で持ちかえる場合の駐車時の車内温度など）。

②　フレッシュな状態のままで保存する

　空気中の酸素による酸化と水分の蒸発による乾燥を同時に抑えて、和ハーブの鮮度と栄養を守るために、真空に近い状態で保存します。

I.　１時間ほど、葉から茎まで全体を冷水に浸しておく。根がある場合は水切り（水の中で茎を切る）をすると、よく水を吸い上げ、シャキッとした状態になる。

II.　葉がみずみずしくなったら、水から取り出して、しっかりと水分を

きる。

III. 冷凍バッグに入れ、空気を追い出して残して密閉し、冷蔵庫に保管する。

③　冷凍して保存する

I. 熱湯に約1%の塩を入れ、3秒ほどサッと茹でてから冷水にとる（酸化酵素を不活化するため）。

II. 余分な水気をとり、用途量に分けてラップに包み、密閉容器に入れて保存する（3か月が目安）。

④　乾燥させて保存する

I. 水洗いし、泥や砂・ゴミ・虫などを落とす。

盆ザルに並べて乾かす

軒下に吊るして乾かす

II. ザルなどに素材が重ならないように並べたり、つるしたりして乾燥させる。カビの発生やにおいの変質を防ぎ、和ハーブの香りを保つために、半日陰で常に風通しのよい環境をつくる（乾燥しにくい枝や果実など、素材の種類によっては直射日光のもとで乾燥させたり、乾燥機で短時間低温乾燥をしたりする方法もある）。

III.　1週間〜10日ほどで乾燥できたら、光をできるだけ通さない密閉
　　　容器に入れ、涼しい日陰に保管する。容器には採取および保管処理
　　　日、素材名称を明記しておくとよい。

⑤　塩漬けにして保存する

　山菜類などのように、旬の風味をできるだけ活かして調理したいもの
や、採取可能な時期がごく限られるものは、塩のもつ浸透圧を利用し、
水分を抜くことによって長期保存ができます。基本的に生のまま漬けら
れますが、軸が太くかたい素材は一度茹でてから塩漬けをするとよいで
しょう。腐敗を防ぐためにも、塩の量はしっかりと用いることが大切です。
I.　採取した素材を水洗いし、泥や砂・ゴミ・虫などを落とす。
II.　漬物用の樽や容器の底に適量の塩を入れて、素材を並べ入れ、その
　　　上から薄く塩を振りかける。この作業を繰り返し、最上部にはたっ
　　　ぷりと塩を振りかける。
III.　押しフタを載せて重石を置く。数日経って水が上がってきたら、軽
　　　めの重石に入れ替える。
IV.　調理の際は塩抜きをして利用する。

もっと楽しく、もっと豊かに。
和ハーブ・ライフスタイル

　和ハーブの魅力を食や香りのシーンにとり入れ、心身への役立て方の基本を学びます。

楽しみ方①　飲む

　張り詰めた気分からリフレッシュしたり、仕事や作業の合間にリラックスしたり。文字どおり「和む（なごむ）」楽しみを味わえるのが「お茶を飲む」時間です。

　日本の風土が育てた和ハーブから、自然の恵みをじゅうぶんに受け取ってみてください。

基本編／和ハーブティー

　和ハーブティー（お茶）は手法が比較的簡単で、和ハーブの形態・色・香りの変化を確認しやすいことや、日々の暮らしに取り入れやすいことが長所です。

　和ハーブティーによって、湯または水によって溶解した、和ハーブのもつ水溶性成分を服用し、消化管から有効成分を吸収することができます。特に温かい和ハーブティーは、飲む際に揮発性の芳香成分を摂取できるため、嗅覚からのアロマテラピー作用、呼吸による蒸気吸入作用も期待できます。

1　かんたん和ハーブティー

　手軽に和ハーブの味わいや香りを楽しむテクニックです。
　飲食に適した和ハーブ素材に湯を注ぎ、蒸らしながら抽出します。
　このように抽出したものを温浸剤といいます。なかでも服用（飲用）目的で淹れたものを茶剤といいます。

基本材料（1 人分）

ドライ和ハーブ…ティースプーン山盛り1杯分

　　　　　　（フレッシュ和ハーブの場合は同3杯分）

湯…180～200ml

ティーポット

ティーカップ（急須、湯のみなど）

茶こし

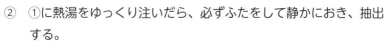

基本の淹れ方

① 　ティーポットに分量の和ハーブを入れる。

② 　①に熱湯をゆっくり注いだら、必ずふたをして静かにおき、抽出する。

③ 　②を茶こしでこしながら、ゆっくりとカップに注いでできあがり。

 Point

●ティーポット、ティーカップは、準備のときに温めておきます。

●ミネラルウォーターを使う場合、硬水よりも軟水のほうが抽出に適しています。

●香りの高さやハーブの保存状態のよさを保つため、お茶を淹れる直前に素材を細かくカットして（または ちぎって）ティーポットに入れます。

●用いる素材の部位によって、抽出に必要な時間は異なります。ドライ和ハーブの場合、葉・花などやわらかい部位は3～5分、茎・根・果実・種などのかたい部位は最低でも5分以上おいてから、カップに注ぎましょう。

●和ハーブ本来の新鮮な香りや季節感を楽しむには、フレッシュ和ハー

ブティーがおすすめです。ドライ和ハーブと比べて水分を多く含み柔らかいため、抽出時間は短め（3分ほど）にして様子をみましょう。

●素材本来の味や香りを引き出すため、茶こしも金属製ではなく、竹など自然素材にこだわってみましょう。

Step up!

1種類（シングル）で淹れるだけでなく、数種類を合わせて飲むこともできます（ブレンド和ハーブティー）。季節のリズムや心身の調子をみながら、まずは好きな和ハーブを2種類選んで、香りや味わいを感じながらゆっくりと飲んでみましょう。慣れてきたら選ぶ和ハーブの種類を増やして、オリジナルのお気に入りの一杯を探してみてください。

和ハーブブレンドのヒント

リフレッシュ…カキドオシ ＋ アマチャ、ゲットウ ＋ イブキジャコウソウ

リラックス……クロモジ ＋ ハマナス、ヤブニッケイ ＋ タチバナ

めぐり…………ドクダミ ＋ カキドオシ、チャノキ ＋ ハッカ、クロモジ ＋ サンショウ

あたため………トウキ ＋ ヨモギ、ベニバナ ＋ スギナ、ショウガ ＋ ユズ

2　水出し和ハーブティー

和ハーブ素材を、常温の水によって時間をかけて抽出するテクニックです。

このように抽出したものを冷浸剤といいます。

基本材料（1人分）

ドライ和ハーブ　ティースプーン山盛り1杯分

常温の水　200ml

ティーポット

ティーカップ（急須、湯のみなども可）

基本の淹れ方

① ティーポットに分量の和ハーブを入れ、いったん少量の水で湿らせておく。

② 残りの水を少しずつ注ぐ。

③ ②の中身を、菜箸やスプーンなどで軽くかき混ぜ、ふたをしてひと晩おく。

④ ③を茶こしで漉し、カップに注いでできあがり。

Point

●チャノキ（緑茶）に含まれるテアニン（甘みを感じる成分）を引き出したい場合は、短時間で淹れるホット和ハーブティーよりも、長時間で引き出す水出し和ハーブティーがおすすめです。

●同様に、カフェイン・タンニン類などの刺激の強い成分が多く含まれる和ハーブ（チャノキなど）は、水出し和ハーブティーが向きます。

●劣化・腐敗による食中毒を防ぐため、基本的にその日に飲みきるのが望ましいですが、保存する場合は冷蔵庫に入れたり、一日一回煮沸させて有害菌の繁殖や発酵を抑えたりして、食中毒を防ぎましょう。

3 「煎じて飲む」和ハーブティー

　1種類または数種類の和ハーブを水に浸し、長時間にわたって熱を加えて煮出すことによって有効成分を濃く抽出します。いわゆる"薬草を煎じて飲む"、伝統的なテクニックです。

　この手法で抽出されたものを煎液といいます。

基本材料（1人分）
ドライ和ハーブ…適量
水…400 〜 600ml
ティーポット、ティーカップ（急
須、湯のみなども可）
茶こし
手鍋 または やかん

基本の煎じ方
① 　手鍋（またはやかん）に和ハーブ素材と分量の水を入れる。
② 　やや弱火にかけてゆっくりと煎じ、沸騰してきたらさらに火を弱め、40分ほどぐつぐつ煮出す。
③ 　②の液が、元の半分量になったところで火を止める。
④ 　③が熱いうちに茶こしまたはガーゼなどで、茶葉をこしてできあがり。

Point
●煎じる量は和ハーブの種類によって異なります。
●鉄や銅素材のやかんや鍋の場合は、煎液と化学変化を起こして変質する可能性があるため避けましょう。
●つくったティーは、その日のうちに飲みきりましょう。

「飲む」際の注意事項

◎小さなお子様や高齢者は特に、熱湯によるやけどや、和ハーブティーの濃度が濃くなりすぎないように気をつけましょう。

◎和ハーブは一般に利尿作用が高いため、一度に大量に飲み過ぎないようにしましょう。（※1）

◎妊娠中の方、持病がある方などは、和ハーブ素材によって相性が合わない場合があります。薬を服用している場合は、和ハーブの種類により薬の効果を相殺してしまうものもあるので、併用には注意が必要です。医師の指示を仰いだり、安全性を確認してから摂取しましょう。

◎和ハーブは植物素材のため、体質によってはアレルギー反応が起きることもあります。体調や皮膚などに変化が出たらすぐに飲むのをやめ、医師の指示を仰いでください。（※2）

※1　特に利尿作用を謳うハーブには、水分を排出する「カリウム」が豊富に含まれていることが多い。健康体であれば過剰摂取分は尿によって排出されるが、腎機能に問題がある人は高カリウム血症のリスクがあり、最悪は死に至るケースがあるので注意する。

※2　「和ハーブや薬草は身体によい」と、自分の体調と摂取するハーブの種類をよく考えずにむやみに摂取すれば、身体にとって負担となる場合がある。また、自分にはよいケースでも相手にとっては合わないこともあるので注意する。

column

WA HERB TEA

1．自分と向き合う……

　忙しい毎日だからこそセルフメンテナンスを。和ハーブティーを自分のために、丁寧に淹れてみましょう。ON と OFF を上手に切り替えるスイッチに。

2．外出先で……

　市販のお茶パックにドライ和ハーブを詰めて、職場や学校・旅先などに持参します。休憩時間の一杯で和みます。

3．友人を招いて……

　和ハーブティーパーティで、コミュニケーションの場づくり。一緒に季節の和ハーブもテーブルに添えておけば、話題も弾みます。

4．器にこだわって……

　ガラス製のポット＆カップにこだわることなく、伝統的な焼物と和ハーブをスタイリングしても素敵です。

※ 93 ～ 95 ページの応用編は試験の対象外です。

応用編／和ハーブ・コーディアル

　和ハーブを水と砂糖で煮詰めて仕込むシロップ（濃縮液）です。保存がきき、さまざまなアレンジが楽しめます。

コーディアル（Cordial）とは……？

「滋養・強壮」という意味から発展して「誠心誠意に」の想いも込められた英語。旬に摘みとったハーブを、フレッシュの状態でシロップに浸け込んで仕込む濃縮液のこと。イギリスでは伝統的なハーブ飲料として古くから愛され、家庭での健康管理に役立てられました。

和ハーブ「しょうが」と「やぶにっけい」のコーディアル

　季節を問わずにつくることができ、保存も可能なシロップです。

材料（つくりやすい分量）と作り方
① ショウガ（生、200 g）をよく洗い、皮ごとすりおろす。
② ①とヤブニッケイ、水を鍋に入れて、弱火で 20 分ほど煮る。
③ ②に きび砂糖（200 g）を加えて、木べらで混ぜながら、さらに弱火で 15 ～ 20 分ほど煮つめる。
④ 仕上げに和柑橘（スダチ、カボス、ユズなどお好みで）の絞り汁を加えて出来上がり。

Point
●大さじ 2 を冷たい炭酸で割って、和ハーブしょうがエールに。熱湯で割って、しょうが湯に。
●密閉容器に入れて保存し、冷蔵庫で 1 か月程度で使いきりましょう。

●豚肉を漬け置くと、生姜焼きの下味に。

●冬は「和ハーブ・チャイ」…ホットミルクで和紅茶を淹れたところに、

しょうがコーディアルをスプーン1杯溶かし、トッピングにヤブニッケイパウダーをふりかけてアレンジ。

和ハーブ「赤しそ」のコーディアル

初夏に出回る赤シソを使い、たっぷり仕込む和ハーブシロップです。

材料（つくりやすい分量）と作り方

① 赤シソ（200 g、市販の場合は約1袋分）の葉を水でよく洗い、水気を切っておく。

② 水2ℓを沸かした鍋に①を加えて、葉の赤色が抜けて緑色になるまで5～10分ほど煮出す。

③ ②にきび砂糖（600g）を加えて煮つめる。

④ 火を止めて、仕上げにりんご酢（400ml）を加えて混ぜて出来上がり。

Point

●水や炭酸水でお好みの濃度で割り、氷やハッカを浮かべてアイスドリンクに。

●粗熱が取れたら、煮沸消毒した保存ガラス瓶などに移し替え、冷蔵庫で保管してください。

Step up!

●和ハーブ・レッドビールカクテル

少量の赤しそコーディアルをビールで割れば、ほんのり甘くさわやかで、ルビー色が鮮やかなビールカクテルに。

Hint

●和ハーブ・コーディアルに向く素材

イブキジャコウソウ、クロモジ、ゲットウ、シソ、ショウガ、トウキ、ハッカ、タムシバ、チャノキ、ナギナタコウジュ、ヤブニッケイ、ヨモギ、和果（ユズ、タチバナ、ナツハゼ、ウメ）など

楽しみ方② 食べる

「食べる」ことは、和ハーブの楽しみ方の基本です。

　和ハーブ素材にはそれぞれに独特の個性（風味や香り、アクなど）があるため、特徴を生かした適切な調理の仕方をことが大切です。

　ここではごく簡単な活かし方から、和ハーブらしさが存分に楽しめるメニュー展開例をご紹介します。身近な食材で懐かしさとともに、新しい驚きをもたらしてくれます。

基本編／①素材をそのまま生かす

　水やオイルなどさまざまな溶媒を用いることで、和ハーブに含まれる味や香り・有効成分を引き出すことができます。抽出される成分は溶媒により異なり、内用（飲む・食べる）・外用（皮膚に塗布・ルームスプレー等）に適します。

　和ハーブそのもの、または浸出された有効成分を目的や用途にあわせて加工したものを、剤形といいます。

　基材の違いによる剤形の例として、水による茶剤または浸剤、煎剤のほか、オイル（油）による浸出油、酒類やみりんなどアルコールによるチンキ剤、お酢によるビネガーチンキ剤などがあります。

　和ハーブには、繊細な香り・色・味（フィトケミカル成分）が含まれています。それらをしっかり立たせ、最大限に引き出す料理テクニックを用います。

1　素材をそのまま生かし、フレッシュで

刻んで和ハーブトッピング

「薬味」や「あしらい」として伝
統的に食卓で採り入れられてきた
レシピです。香りと彩りを重視し
ます。

　フレッシュな和ハーブを細かく
刻んで、サラダや冷やっこ、炒め物などにトッピングします。

　香りの高さを楽しむため、できるだけ食べる直前に刻みましょう。

ゆでて和ハーブ・おひたし

　和ハーブ素材本来の持ち味・香
り・歯ごたえを手軽に楽しむ基本
のレシピです。

　たっぷりのお湯を鍋で沸かし、
フタを取り、塩1つまみを入れて
サッとゆで、すぐに冷たい水に浸
してから、水気を絞って盛りつけ
ます。アクの強いものは、ゆでたあとしばらく水にさらします。

「和のエディブルフラワー」として……花の色の鮮やかさを保つため、
熱湯にお酢を少々入れてゆでます。あえもの、サラダ、まぜご飯などに
も展開できます。

揚げて和ハーブ・フリッター

　香りの個性が強いもの、厚みのある葉などを短時間で揚げて調理することで、和ハーブの風味や歯ごたえを味わいます。素材を水洗いしたら水気をよく拭き、薄めの衣を片面につけて中温（170℃）で揚げます。

炒めて和ハーブ・きんぴら

　和ハーブのややかたい根、皮、葉部などを炒めて、旬の香りや歯ごたえを楽しみます。和ハーブ素材をさっと水洗いしたら、千切りにして水にさらし、油で炒めます。アサの実やゴマなどを添えて彩りをプラスしてみましょう。

ドライ和ハーブで……
混ぜて和ハーブ・ソルト

　和ハーブの香りや旨みと塩味をミックスして楽しめる、万能調味料です。ドライ和ハーブをミルサーにかけ、適量の塩とミックスさせます。さまざまな食材に添えたり、おむすび塩にしたり、オイルと和ハーブ・ソルトを合わせてパンにつけても。

煮て和ハーブ・スープ

「和のブーケガルニ」は香りづけ素材として、料理をワンランクアップしてくれます。香りのよい和ハーブを適量束ねて、一緒に煮ます。洋風ポトフやトマトソース煮込み、和風スープの香りづけにも合います。

2　水以外のものに素材をつける

　和ハーブを水（湯）だけでなく、酒・酢・油・塩などに浸けることで、独特の味わいや有用成分を引き出すことができます。水に比べて保存がきくため、応用の幅はより一層広がります。

和ハーブ×アルコール

　旬のフレッシュ和ハーブ（花、枝葉、柑橘など）をホワイトリカーやウオッカなどのアルコール（度数35以上のもの）に漬けて、香りや味を抽出します。

　日本酒やワインに漬ける場合は、ホワイトリカーと比べてアルコール度数が低いため、長期保存をするとカビが発生することがあります。半日ほどおいて和ハーブの香りを移したお酒として楽しみ、その場で飲み切るようにしてください。

　和ハーブをアルコールに漬けたものは、食用のほかに外用として「チンキ」などに応用できます。

●和ハーブリキュールにおすすめの和ハーブ

花：サクラ、スイカズラ、ハマナス、クズ、タンポポ、チャノキ

枝葉：クロモジ、ハッカ、シソ、ゲットウ、ヨモギ、マツ、アシタバ

果実：和柑橘全般（ユズ、タチバナ、スダチなど）、ウメ、ビワ、ヤマモモ、サルナシ、ガマズミ

和ハーブ×みりん

　本みりん（300ml）に和ハーブミックス（大さじ2〜3）を入れて、2〜3日浸します。

　お屠蘇は本来、みりんに素材を浸けたもので、家族の健康を願って飲まれました。食前酒や炭酸で割ってカクテルにしても。

和ハーブ×オイル

　太白ゴマオイルやツバキオイルなどに、ドライ和ハーブを漬けて脂溶性成分を抽出します。

　半月ほどそのまま漬けておき、オイルに色や香りが移ってきたらできあがり。塩と和ハーブオイルを合わせてパンにつけたり、刻んだ和ハーブと合わせたりして「和ハーブカルパッチョ」に。手作りドレッシングの基材として。

※ 101 〜 104 ページの応用編①②の
料理レシピは試験の対象外です。

和ハーブ×酢

　和ハーブをお酢につけて、砂糖やだしと合わせてかんたん「和ハーブピクルス」に。

　和ハーブを酢に漬けたものは、食用だけでなく浴用の「バスビネガー」としても応用できます。

和ハーブ×はちみつ

　ショウガの皮をむいて薄切りにし、同量のはちみつとあわせます。

　煮沸消毒した保存瓶に入れて冷蔵庫で保管します。半日ほどおき、はちみつが水っぽくなったらできあがり。お湯やソーダ割りのほか、ヨーグルトに混ぜても。1か月程度で使いきってください。

応用編／①ペーストにする

　ひと手間加えて、和ハーブ素材を「ペースト」にして、調理します。

和ハーブパスタ・ジェノベーゼ風
材料（2人分）
＜和ハーブ＞
シソ　15枚
ミツバ　1/2株
エゴマ　2枚

チャノキ　小さじ 1/2（緑茶）
ゴーヤ　2cm
マツの実　10 粒
ニンニク　2 片
アサの実　適量
オリーブオイル…30ml
塩…小さじ 1
パスタ…200 g

作り方
①和ハーブをおおまかに刻み、オリーブオイルと塩を一緒にフードプ
　ロセッサーにかけて、ペーストをつくる。
②パスタをかために茹であげ、①を和えて器に盛る。
③オリーブオイル、お好みでアサの実を散らす。

Point

●香りが飛ばないように、パスタと和える際にペーストに熱が入りすぎ
　ないよう気をつけます。
●フレッシュな和ハーブをそのままペーストにすることで、酵素やビタ
　ミン等の各有効成分が本来の効果を失わない形で摂取できます。
●使われている和ハーブはすべて、シミやそばかす、シワやタルミ等を
　防ぐ抗酸化成分の宝庫です。
●シソの代わりに、ヨモギを使うのもおすすめです。

応用編／②炒める

和ハーブ素材をアクセントにした、食欲アップの炒め物です。

和ハーブ・バイガパオ

材料（2人分）

＜和ハーブ＞

エゴマ（またはシソ）の葉…10枚

ベニタデ…少々

タマネギ…1/2個

ピーマン…3個

ニンニク…1かけ

鶏モモ肉（又は鶏ひき肉）

卵…2個

ウイスキー（又は日本酒、紹興酒など）…小さじ1

黒砂糖（又はハチミツ）…大さじ1

オイスターソース…大さじ1

しょうゆ…小さじ2

魚醤（又はナンプラー）…小さじ1

ご飯…1合

作り方

①フライパンを強火にかけ、みじん切りにしたニンニク、小さめのぶつ切りにした鶏モモ肉（又は鶏ひき肉）を入れて軽く炒める。

②鶏肉に火が通ったら、タマネギ、黒砂糖（又はハチミツ）、ウイスキーを加えてさっと炒める。

③②にみじん切りにしたピーマン、オイスターソース、しょうゆを加え、野菜の歯ごたえが残る程度に炒める。

④③の火を止めてから、ちぎったエゴマの葉とナンプラーをさっくりとあえ、ご飯と合わせて器に盛る。

⑤目玉焼きをつくって、④にトッピングする。最後に彩りでベニタデを散らして出来上がり。

Point

●香りが一気に飛ばないよう、火を止めてからエゴマを散らし、余熱で手早く仕上げます。

●辛いものが好きな方は、青トウガラシを刻んで②で一緒に炒めても。

「食べる」際の注意事項

◎和ハーブティー同様に、和ハーブの作用に期待して一度に大量に食べることは避けてください。

◎シュウ酸：イタドリ・カタバミ・スイバ・ギシギシ・スベリヒユなどに多くみられる物質で、過剰摂取すると血液中のカルシウムや鉄と結合して、尿路結石の原因になるともいわれます。ゆでてアクを取る事で軽減します。

ミニ解説／春の七草

　1月7日の朝、早春の若葉の生命力を身体に取り入れることで、無病息災・邪気を払う習わしです。ここで使われてきた七草（七種）は和ハーブそのものであり、フィトケミカルやビタミン・ミネラルが豊富です。

名称	分類	別名	期待される効能
セリ（芹）	セリ科セリ属	シロネグサ	食用増進・健胃
ナズナ（薺）	アブラナ科ナズナ属	ペンペングサ	消炎・殺菌・解熱
ゴギョウ（御形）	キク科ハハコグサ属	ハハコグサ	咳止め・去痰・利尿
ハコベラ（繁縷）	ナデシコ科ハコベ属	ハコベ	抗消炎・産後浄血
ホトケノザ（仏の座）	キク科ヤブタビラコ属	コオニタビラコ	健胃・利尿
ナズナ（薺）	アブラナ科アブラナ属	カブ	消化促進・解毒
スズシロ（蘿蔔）	アブラナ科ダイコン属	ダイコン	消化促進・咳止め

楽しみ方③　香る

香りは五感に訴え、眠っていた感覚を呼び覚まします。

なかでも和ハーブの香りは身近な暮らしの記憶と結びついて、どこか懐かしさを感じられるのも魅力です。

香りを意識しながらゆっくり深呼吸をすると、自律神経が整います。

古来、日本では香りで場を調え、清浄にする用途にも使われてきました。ライフスタイルに、ぜひ和の香りを積極的に取り入れていきましょう。

和精油を使って

和アロマミスト芳香浴

近年では、日本の各地で自然環境に配慮した精油を手に入れやすくなりました。好みの香りを選んで、市販のアロマディフューザーを使い、手軽に香りのミストを焚いて楽しみます。その日の気分で香りを変えてリフレッシュしたり、部屋の印象を演出したりすることができます。

● 和精油（アロマエッセンシャルオイル）の原液を指に直接つけたり、目をこすったりしないように気をつけます。もしオイルがついたら、植物油でぬぐってから流水と石けんでしっかりと洗い流します。

● ディフューザーに入れる際、精油瓶は振らずに斜めに傾けて、ゆっくりとドロップするのを待ちます。一度に大量に入れると香りの濃度が濃くなり、気分が悪くなることがあります。

Hint

和アロマの選び方

ご自身の好きな香りや、シーンに合う香りを五感で見つけてみましょう。使用するエッセンシャルオイルの量は5滴程度を目安（複数種をブレンドする際は合計5滴）にします。

シーン別のおすすめ和精油

キッチン	→ハッカ、ユズなど和柑橘系
玄関	→和柑橘系
リビング・寝室	→クロモジ、ゲットウなど
トイレ	→和柑橘系、ヒノキなど樹木系
和室	→樹木系、ハッカ

ドライ和ハーブを使って

和ハーブ茶香炉

　伝統の茶香炉は、室内を漂うようにじんわりと香るのが特徴です。ドライ和ハーブ素材を皿の上にのせて、下からロウソクの火で焚きます。

Hint

和ハーブ茶香炉におすすめの素材

　イブキジャコウソウ、カキドオシ、ゲットウ、スギナ、チャノキ、ヨモギ　など

フレッシュ和ハーブ素材を使って

和ハーブハンドバス（手浴）

　全身浴が難しい方にもおすすめの部分入浴法です。

　洗面器に沸かしたてのお湯を注ぎ、季節の和ハーブを浮かべます。

　冷水を少しずつ足してかき混ぜ、やや熱め（42℃程度）まで温度を下げます。

　手首のやや上までお湯がかぶる程度に調節し、両手を静かに入れて温めると、血流がよくなり徐々にゆるんできます。

　同じ要領で、フットバス（足浴）を楽しむこともできます。

● 浮かべた和ハーブを指でもみ、洗面器に顔を近づけて湯気に立ち上がってくる和ハーブの香りを楽しみましょう。

● 熱湯を扱うため、湯温調節時はやけどに注意します。特に子どもや高齢者の場合は、熱くなりすぎないように気を配ります。

● フレッシュ素材が手に入らない場合は、ドライ素材でも同様に活用できます。

Hint

和ハーブ・ハンドバスにおすすめの素材

　ウイキョウ、カキドオシ、クロモジ、ゲンノショウコ、トウキ、ナギナタコウジュ、ハッカ、ハマナス、ベニバナ、マツ、ヤブニッケイ、ユズ、ヨモギなど

初めての入浴剤は和ハーブ

経験的に選別されてきた『浴の和ハーブ』

ここまで【食】や【香】の和ハーブについてみてきましたが、有用性はそれらのシーンに限りません。とりわけ「日本人だけの宝の生活習慣」である【浴（お風呂）】と和ハーブの関係は、切り離して語れません。

日本のお風呂文化といえば温泉を思い浮かべるかもしれませんが、温泉は鉱物湯で、泉質によっては皮膚への刺激が強いものも少なくありません。一方、**経験的に選別されてきた「植物湯」はお肌に悪い影響があるものは少ないうえに、成分の皮膚表面や皮下組織（毛細血管など）への効果、香りの効果、お湯の浸透圧の調整など、機能性がとても高いと**いえます。

日本のお風呂の起源は「斎あみ（湯浴み）」、すなわち身体を浄める禊ぎ、潔斎の文化です。日本人について示された最古の記録といわれる中国古代書『魏志倭人伝』では、邪馬台国では家族が死んだ時に水に入って禊ぎをする習慣があると書かれ、これは神社の「手水」や、「お清めの塩」に繋がっていると考えられています。

お風呂のルーツは仏教に由来する「和ハーブ・サウナ」

やがて6世紀に大陸から伝わった仏教が、現在の入浴習慣に基本形をつくっていきます。もっとも重要な経典の1つである「温室経」には、「入浴は七つの災いを取り除き、七つの福を授かる」と記され、また入浴を大衆に施すこと（施浴）には、大きな功徳があるとされました。

仏教から広まった初期のお風呂は、「風」という漢字が表わすがごとく、ハーブを使ったサウナスタイルで、寺院の敷地内のほか、海岸の洞穴や古墳の石室などに、施浴を目的とした熱気浴、蒸気浴の浴室がつくられました。そしてその燃料や香り付けには、薬効が高い和ハーブが使われ

たのです。

　使用されたのは、「浴の和ハーブ」である「セキショウ」や「ヨモギ」、あるいはフィトンチッド成分が豊富な針葉樹など。また地域文化の特色を示すものに種子島の「岩穴」（町指定文化財）では「ゲットウ」や「バショウ」を使った記録が残っています。

初めての入浴剤は和ハーブだった

　施浴文化が広まった時代には、サウナではない現在に近い温浴スタイルのお風呂も徐々に普及しました。その流れのなかで、現代の入浴剤に通じるものが現れます。それは「五木八草湯（※1）」という、日本の野生和ハーブをお湯に浸し入浴するスタイルです。

「五木」とはモモ（桃）・ウメ（梅）・ヤナギ（柳）・クワ（桑）・エンジュ（槐）・などの木本類、**「八草」**はショウブ（菖蒲）・ヨモギ（蓬）・オオバコ（車前草）・ハス（蓮）・オナモミ（葹）・クマツヅラ（熊葛）・ハコベ（繁縷）などの草本類とスイカズラ（吸い葛／忍冬）で、いずれも日本の風土に育つ和ハーブばかりです。

　やがてこの入浴剤文化は、銭湯文化が花開く江戸時代の「薬湯」に繋がっていきます。各銭湯は五節供にはショウブ、リュウノウギクなどの薬湯をイベントとして行い、また町中には五木八草などを基本とした薬湯専門の銭湯も多数あったようです。

※1　五木八草に関する記述は、寺子屋の教科書『庭訓往来』や、江戸幕府の侍医であった曲直瀬玄朔の書『延寿撮要』など多数の書物に見られる。

お風呂でケガレを祓い、心身の健康を保つ

　古来、時や場所の「節目（境目）」には邪が入りやすいと考えられてきました。年末に大掃除をする習慣も、もともとは翌年へ悪いものを持ち込まず、清潔にした場に歳神様をお迎えするための準備です。そうし

た「清浄文化」と共通して、古代中国を由来に日本で長く続いてきた年中行事に、「五節供」があります。健康と厄除けを願う季節の節目（旧暦が基準）として、江戸時代には祝日にもなりました。実際には季節の変わり目にあたることから、和ハーブ風呂で身も心も清め、体調を整えてむだなもの＝ケガレ（気＋枯れ）を払うしきたりと重なって受け継がれてきました。

　5月5日、端午の節供には菖蒲湯です。音が「勝負」「尚武」に通じることから、武家社会の鎌倉時代には男子があやかる節目に位置づけられていったようです。お風呂では小川などに自生する「**セキショウ（石菖）**」（ショウブ科ショウブ属）が使われましたが、のちに中国由来の栽培植物「ショウブ（菖蒲）」へ引き継がれていきます。腰痛や神経痛をやわらげ、体が温まり、心身ともにリラックスします。

　9月9日、重陽の節供には菊湯です。キク（菊）は冷えや不眠・眼精疲労・頭痛・咳止め等に向く不老長寿の花とされてきました。実際には野菊の1つで葉・花とも強い香りのある「**リュウノウギク（竜脳菊）**」（キク科キク属）がお風呂に使われていたようです。血流を高め、神経痛や腰痛などをやわらげるとされます。

　五節供とは別になりますが、今もっとも暮らしに根づいている和ハーブ湯といえば、冬至の柚子湯も外せません。冬至に「湯治」をひっかけ、心身が健康であれば「融通＝柚子」が利くといわれました。またユズの果皮に含まれる脂溶性の有効成分は皮膚表面の乾燥を防ぎ、湯冷めも防ぎます。「柚子湯に入れば風邪を引かず、ひび・あかぎれにならない」。これは、寒さ厳しい冬の美容と健康にかなった暮らしの知恵でした。

　ちなみにどの和ハーブも「香りの高さ」に特徴があります。心地よいリラックスを導いて副交感神経を刺激し、血流促進を後押しするほか、精神面でも香りで不浄を払う厄除け作用も信じられてきました。和ハーブはこうして日本人の暮らしを守ってきたようです。

五節供

日付 *1	名称	別名	用いられる主な和ハーブ
1月7日	人日 （じんじつ）	七草の節供	セリ、ナズナなど *2
3月3日	上巳 （じょうし）	桃の節供	モモ
5月5日	端午 （たんご）	菖蒲の節供	セキショウ、ヨモギ
7月7日	七夕 （しちせき）	笹の節供	タケ（ササ）
9月9日	重陽 （ちょうよう）	菊・栗の節供	キク、クリ

*1　本来は旧暦の日付で行われてきた。
*2　本章「楽しみ方② 食べる」（104 ページ）を参照。

第2部

ここでは、[植物分類・生理学][健康・医療]
[産業] をテーマに学びます。
基礎から一歩進み、植物そのものの特徴や
伝統療法、人の身体の働きについてみて
いきます。

*第1章〜第4章は1級向けテキストです。

第1章

和ハーブとは何か

　和ハーブは植物です。

　自然界において植物は、光合成によって糖（自然界の有機物の原料）を単独生産することができる「生産者」です。

　同じく細菌や菌類などの微生物は、植物の死骸（繊維）を無機物まで分解し、自然に戻す能力を持つ「分解者」になります。

　そして、人間を始めとした動物たちは、自然界においては単独で生産能力も分解能力も持てない「消費者」でしかありません。

　植物の光合成システムや微生物の繊維分解酵素は、進んでいるとされる人間のサイエンスでも、再現することは不可能です。

　つまり私たち人間は、このような能力が異なる生物たちと自然界の循環の中で〝生かされている〟ことを知らなければなりません。

　第1章では、自然界の〝唯一の生産者〟たる「植物」について、その進化の歴史と分類の基本について学んでいきます。

和ハーブの分類学

生物進化論のミステリー、葉緑体とミトコンドリア

「分類学」とは、生物をさまざまな観点・特徴によって分類して体系的にまとめ、生物の多様性を理解することを目的とした学問です。

地球上の生物の分類・研究は、当初は動物と植物の2つのカテゴリーにより行われていました。しかし17世紀に顕微鏡が発明され、やがて細菌や真菌類などの微生物の存在が明らかになりました。その後、顕微鏡の機能や生物学が発展するにつれ、細胞や遺伝子レベルでの研究が可能となり、現代分類学へと繋がっていきます。

生物の起源をたどってみれば、最初の生命体は海から生まれた細菌の仲間といわれています。しかし原始の地球は酸素がほとんどなく、よって現在の私たち人間のように、酸素がないと生命を維持することができない生命体は存在しませんでした。

地球上の最初の生物ではないかといわれるのは、約27億年前に現れた「シアノバクテリア」の仲間です。シアノバクテリアは太陽光のエネルギー（紫外線）を使い、地球上に豊富に存在する「水（H_2O）」と「二酸化炭素（CO_2）」から、生命体を維持するためのエネルギー「アデノシン三リン酸（ATP）」の原料となる「ブドウ糖を代表とする単糖類（$C_6H_{12}O_6$）」をつくり出します。ほぼ元素に近い単純な化合物である水と二酸化炭素から、非常に複雑な化学構造をしたブドウ糖をつくり出すこの驚異的な代謝システムは「光合成」と呼ばれ、現代科学においても再現が不可能な自然の神秘です。

この光合成の反応においては、「酸素」が余りものとして生産され、大気中に排出されます。爆発的に増えていったシアノバクテリア系の生物たちにより地球の酸素量も増加していきますが、酸素は元来、生物細胞にとって毒となるもの。「酸化」によって細胞のDNAやタンパク質などが変質していくからです。

　しかしあるとき、この酸素を逆利用し、非常に効率よくエネルギー代謝を行う生物が現れました。その生物は「αプロテオバクテリア」と呼ばれ、それまでは毒でしかなかった酸素を使いながら大量にATPを生産し、その代謝物として二酸化炭素と水を排出することで、ブドウ糖の生産者のシアノバクテリアに還元する能力を備えた細菌グループです。

　つまり太古の地球には、①光合成を行い、ブドウ糖を自家生産して生命を維持するシアノバクテリアの仲間　②シアノバクテリアが合成したブドウ糖と脂肪酸を、酸素を使って代謝して生命を維持するαプロテオバクテリアの仲間　③シアノバクテリアが生産した脂肪酸や酸素は使えないが、ブドウ糖を代謝して生命を維持するその他の細菌の仲間　の3つの細菌グループが存在したと考えられます。

多細胞生物と植物の出現

　時を経て約20億年前、③のグループに属する「アーリア」と呼ばれる細菌グループが、わずかなブドウ糖や脂肪酸を使ってエネルギーを大量生産するαプロテオバクテリアの能力を欲し、自分の体内に取り入れて共生することを行いました。これが多細胞生物のはじまりといわれます。αプロテオバクテリアはアーリアの体内に取り込まれたあと、細胞小器官として「ミトコンドリア」という名称で呼ばれることとなり、これらの生物が現在の「動物」や「菌類」の祖先となりました。

　そしてこのときにアーリアの仲間の内、αプロテオバクテリアだけでなく、ブドウ糖を自家生産するシアノバクテリアをも体内に共生させる進化を選んだものがいました。これが現在の「植物」の祖先となっていきます。

　このような進化の中で生物は多細胞化・大型化し、「カンブリア大爆発」と呼ばれる生物種の急激な増加期を迎えることになります。

　顕微鏡の進歩により細胞組織が明らかになったことで、かつて生物分類では最上位だった植物界と動物界の上に、もう1つのカテゴリーがつくられました。それは「ドメイン」と呼ばれ、次に示すように、細胞内のしくみ（特にミトコンドリアや葉緑体の存在）が分類のキーとなっているものです。

ドメインレベルの生物分類
①原核生物：細胞内にミトコンドリアや葉緑体を取り込んでいない原始
　　　　　　的な形態で、ＤＮＡがある「核」と細胞の構造の大部分を
　　　　　　占める「細胞質」が膜（＝「核膜」）で仕切られていない
　　　　　　単細胞生物。
②真核生物：細胞内にミトコンドリアや葉緑体（シアノバクテリア）を
　　　　　　取り込み、核膜を持つ単細胞生物および多細胞生物。

　ドメインレベルで、植物が属するのは「真核生物」です。ドメインのすぐ下のカテゴリーが「界」となりますが、植物の属する真核生物ドメインは、「植物界」「動物界」「菌界」「原生生物界」の四界に分かれていきます。各界の定義は以下のとおりです。

③植物：移動能力と感覚を持たないが、光合成の能力を有し、他の生物
　　　　を食さず生命を維持することができる「独立栄養生物」。
　　　　細胞壁があり、細胞内には液胞を持ち、ミトコンドリアと葉緑
　　　　体の双方を取り込んでいる。
④動物：移動能力と感覚を持つが、光合成の能力も有さず、他の生物を
　　　　食して生命を維持する「従属栄養生物」。細胞壁がなく、細胞
　　　　内には液胞はなく、ミトコンドリアのみを取り込んでいる。

⑤菌類：移動能力と感覚を持たず、光合成の能力も有さず、外部の栄養を分解・吸収して生命を維持する「従属（分解）栄養生物」。細胞壁があり、細胞内には液胞を持ち、ミトコンドリアのみを取り込んでいる。

⑥原生生物：③④⑤のどれにも属さない（特徴を併せ持つなど）原始的な真核生物の総称。

各ドメインレベルの細胞の仕組みとその違い

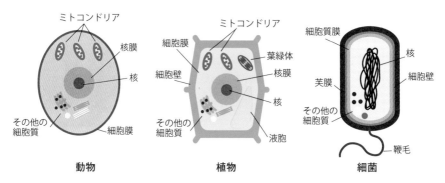

植物にはミトコンドリアと葉緑体が、動物にはミトコンドリアのみが細胞質に存在する。

　次に、界レベル以下においては、その形態や生理などの特徴などによって、さらに細かいカテゴリー（門→綱→目→科→属→種）に分類されます。たとえば、私たち人間が分類されるのは、

ドメイン：真核生物　　界：動物　　門：脊索動物　　綱：哺乳

目：霊長　　科：ヒト　　属：ヒト　　種：ヒト

となります。

　そして植物も同じく、それぞれの種がこのようなカテゴリーラインを持ちます。本書で「和ハーブ」と呼ぶ有用植物は維管束（動物の血管・筋肉のような部位）を持つ「維管束植物」に属し、そのなかでも種子を

つくり、繁殖を行う「種子植物」が中心となります。

維管束植物は「門」レベルにおいて原始的な順番に、

A　シダ植物：種子をつくらず、胞子で繁殖する維管束植物の総称（胞子植物ともいう）
　　　　　　【例】シダ類、スギナ（ツクシ）、トクサなど

B　裸子植物：種子植物のうち、胚珠が子房の中に包まれていないもの
　　　　　　【例】針葉樹、イチョウ、ソテツなど

C　被子植物：種子植物のうち、胚珠が子房の中に包まれているもの
　　　　　　【例】広葉樹、大部分の草本植物など

に分けられていきます。

さらに分類が下位のカテゴリーに行くにつれて、さまざまな共通点が増えてきます。なお、植物としての見分けや有用性の基準目安として、目に見える形態や含まれる成分などは「属」レベルになると、かなり似かよってくると覚えてください。

ツクシとスギナ：両者は地中において根で繋がっている兄弟であり、ツクシがスギナに変化するわけではない。

維管束植物の分類例

すべてのドメインは「真核生物」、界は「植物」となります。

【種名】ワラビ（山菜の代表格）

【門】シダ植物【綱】シダ【目】シダ
【科】コバノレイシカグマ【属】ワラビ

【種名】ツユクサ（花が青色色素、葉が食材など）

【門】被子植物【綱】単子葉植物【目】ツユクサ
【科】ツユクサ【属】ツユクサ　（一年草）

【種名】ゲンノショウコ（薬の和ハーブの代表）

【門】被子植物　【綱】双子葉植物（離弁花）
【目】フウロソウ　【科】フウロソウ
【属】フウロソウ　　（多年草）

【種名】エゴノキ（果実は洗剤、材は将棋の駒など）

【門】被子植物【綱】双子葉植物（合弁花）【目】ツツジ
【科】エゴノキ【属】エゴノキ（落葉広葉樹）

【種名】ヒノキ（建材・浴剤・香料など）

【門】球果植物　【綱】マツ　【目】マツ
【科】ヒノキ　【属】ヒノキ　（常緑針葉樹）

【種名】イチョウ（果実は食材、葉は薬など）

【門】裸子植物　【綱】イチョウ
【目】イチョウ　【科】イチョウ　【属】イチョウ　（木本、落葉樹）

生物分類表

ドメイン		界	門			綱	目	科	属	種
古細菌	細菌類以外の原核生物	原核生物								
真正細菌	細菌類									
真核生物	独立栄養生物	植物	非維管束植物		コケ植物	ゼニゴケ、ツノゴケ、マゴケなど				
			維管束植物	胞子植物	シダ植物（非種子植物）	小葉植物	ヒカゲノカズラ、ミズスギ、コスギランなど			
						大葉シダ植物	スギナ、ゼンマイ、ワラビ、ウラジロ、ヘゴ、マツバランなど			
				種子植物（顕花植物）		裸子植物	針葉樹	マツ、カヤ、ヒノキ、マキ、ナギなど		
							針葉樹以外	イチョウ、ソテツ、グネツム（マオウなど）など		
						被子植物	単子葉	ユリ、ツユクサ、ショウガ、イネ、ショウブ、ヤシ、オモダカなど		
							双子葉	その他の被子植物		
	従属栄養生物	原生生物	藻類、ミドリムシ、ゾウリムシ、マラリア原虫、アメーバなど							
		菌類	キノコ、カビ、酵母、白癬菌、糸状菌、地衣類など							
		動物	昆虫、軟体動物、哺乳類、両生類、魚類、爬虫類、鳥類など							

※赤枠の箇所が和ハーブの範疇となる。

第2章

和ハーブ・フォークロア

　人が生きていれば、病気やケガなどの健康上のトラブルはつきものです。近代医療以前、病院や薬局が整備されていない時代から、世界中の人々が病苦と闘う歴史を強いられてきました。それは日本人も例外ではありません。

　同時に人が住むところには、必ずその土地の事情を反映した、オリジナルの暮らしの知恵が存在します。では、病気やケガに対処してきた日本人の暮らしの知恵とは、いったい何だったのでしょうか？

　それはやはり、日本の土地に生える植物たちを活用したものであり、日本の民間オリジナル療法「和方（和薬）」というものでした。
　和薬の素晴らしい効能は、近代薬学においても証明されており、現代と未来に受け継がれるべき、日本の古の知恵です。

［医薬］日本の伝統療法

　現在、厚生労働省で日本の伝統医学に位置づけされるものは「漢方」です。「漢」はかつて威勢を誇った中国の古い国家の名前、「方」は医学を意味し、仏教伝来とともに大陸から導入された中国伝統医学（中医学）に日本のオリジナル要素が加味され、江戸時代に確立されたとされています。同様に、江戸時代にオランダから導入された西洋医学は「蘭方」と呼ばれ、区別されました。

　漢方は日本で古くから使われてきましたが、一方でそのベースは中医学です。その内容は体系化され、専門性が高く、またコストがかかることから、庶民にとっては敷居が高いものでした。

　よって、庶民たちは身近にあるものを研究・工夫し、活用して、体調不良や病気・ケガに対処しました。それは地域や生活文化、あるいは家族単位で行われ、特に専門家・体系化されたものではありませんでした。

　このような庶民文化における健康・医療の知恵は「民間療法」と呼ばれ、日本オリジナルの民間療法を「和方」といいます。それは大陸から漢方が伝わる遥か以前より、日本の各地域において伝えられてきたものであり、その主役は「和薬」と呼ばれる足元にある薬草たちでした。

　日本に限らず、世界各地の民間療法に共通する点は、身のまわりにある自然素材を「生薬」として活用してきたことです。生薬とは、植物・動物・鉱物などを精製せずに自然の状態のまま、薬として有用する形態を指しますが、その素材の大部分は植物由来でした。つまり「人が住む地域には、その土地の植物を活かしたオリジナルの民間療法や生薬が存在する」ということになります。

「漢方」は「中国の考え方と植物」がベース

　日本の民間療法である和薬と、中医学由来の漢方薬は、使われる素材も手法も明確に異なります。

　すでに述べたように、「漢方」は飛鳥時代あたりから大陸より伝わった中医学をルーツとする「日本の正式な伝統医学」です。特に古代〜中世においては、日本では中国文化＝世界の最先端と意識され、政治・宗教・建築・芸術など、あらゆる分野での見本とされていました。「中医学」も完成度が高い医療として、日本の支配層には魅力的に映ったのでしょう。実際に遣隋使、遣唐使によって大陸文化が多く導入された時代に成立した「大宝律令」（701年）では、すでに中医学＝日本の医学であると正式に認定されていました。漢方医学はその後、和方やインドの古典医学「アーユルヴェーダ」の要素も取り入れつつ、江戸時代に最終型が確立されます。なお、**「薬」をつけずに「漢方」と表した場合、鍼、灸、按摩、骨接ぎ（柔道整復）なども含まれます。**

　さて、漢方は発展する過程において多少外部の要素が加わったとはいえ、やはりその考え方や素材は中医学が基本です。たとえば、生薬は一定の方法論に基づいて乾燥・加工された複数の種類を、決められた素材・比率・量などで配合します。そして、体系化された症状や体質に基づく診断方法により、セレクトされた薬が患者に処方されます。ちなみに、7割の処方に使われる「カンゾウ」（マメ科カンゾウ属）や、葛根湯などに使われる「マオウ」（マオウ科マオウ属）は、日本の野生には生息しない植物です。また素材には、動物や鉱物もよく用いられます。

真の日本の伝統療法は「漢方」でなく「和方」

　対して、和方（民間療法）では、その目的や症状に対して、主に植物素材を単独（または2種類程度）で使用するケースが多く見受けられます。しかし使われる植物の種類や、薬効の知識・情報は地域独自の伝統や経験に基づいたものであり、処方などの各手法は体系化されていません。たとえば腹痛に使われる植物が、植生が同じでも隣同士の村で異なる場合もあります。

　漢方や中医学ではあまり使われない和方の中心的な素材としては、「ゲンノショウコ」（フウロソウ科フウロソウ属）、「ドクダミ」（ドクダミ科ドクダミ属）、「センブリ」（リンドウ科センブリ属）、「カキドオシ」（シソ科カキドオシ属）、「タラノキ」（ウコギ科タラノキ属）、「ウラジロガシ」（ブナ科コナラ属）が挙げられ、これらは「日本六大和薬」として位置づけられています。

　特に「和のゼラニウム」ゲンノショウコは、人が住むエリアにおいて日本全域に広く分布し、「日本人にもっとも使われてきた薬草」といえます。胃腸の特効薬として「飲んだその場で現実の証拠によく効く」が語源であり、別名も「タチマチグサ」「イシャイラズ」など、まさにその薬効の確かさを表すものばかり。さっと湯に浸した状態では下痢と便秘の双方に、10分以上煎じた場合は下痢に薬効を発揮するといわれます。これは煮出し時間で変わる抽出成分の内容とタンニン類の分子量の変化によるものです。

　いずれの日本六大和薬も、生活圏の近くに豊富に生える日本の野生原種であり、私たちのご先祖様の健康を支えてきた「命の和ハーブ」といえます。

センブリ：昔は日本中で使われた「千回振り出してもまだ苦い」薬草

日本で初めて記録された外用薬「ガマ」

「日本初の薬の記録」は、考古学上で最古の文書として認められる『古事記』および『日本書紀』に見られます。そのうち「日本初の外用薬（皮膚など身体の外部に作用する薬）」とされるのが、有名な「因幡の白兎（いなば　しろうさぎ）」に出てくる「ガマの花粉」です。

「隠岐の島から出雲（今の島根県、ただし諸説あり）に渡ろうとした白兎は、サメを欺いて、その背中を飛び移りながら海を超えた。怒ったサメに皮を剥がされてしまい、苦しんでいるところに通りがかった大国主命（おおくにぬしの　みこと）は白兎に、『今すぐに水門に行き傷口を洗いなさい。そしてそこに生えているガマ（蒲）の穂をとって花粉をまき散らしてそこに寝転がれば、傷がたちまち癒えるであろう』と伝えた」

ここで登場する「ガマ（蒲）」とは、ガマ科ガマ属の多年草です。棒状の花穂は「『蒲（かま）』ボコ」や「ウナギの『蒲』焼き」の語源となったもので、晩夏に日本の湿地や田園を彩る風物詩でもあります。この花穂からとれる花粉は、現在も日本薬局方に収載され、止血や消炎などの薬効を持ちます。

ゲンノショウコ：日本人がもっとも使ってきた民間薬の代表

ガマ：薬用のみならず、葉や茎はカゴやすだれなどの素材にもなった

　そして同じく古事記および日本書紀には「日本初の内服薬の記録」が、天皇家の悲話とともに残されます。

「時は一世紀。病気がちだった第十一代垂仁天皇は、忠臣の田道間守に「常世国（「浦島太郎」にも登場する現世の極楽とされる）に行き、不老不死の妙薬を探してくるように」と命じられた。田道間守はじつに十年以上もの歳月をかけ、ついに「非時香菓」と呼ばれる仙薬を手に入れて、都に戻った。しかし、時すでに遅し、天皇は崩御していた。悲しみに狂った田道間守は、そのまま天皇のあとを追うようにして亡くなった。」（古事記）

　ここに登場する「非時香菓」は「永遠に香る果実」という意味で、それは「タチバナ（橘）」という和果ではないか、といわれています。「タチバナ」（ミカン科ミカン属）は、日本唯一の野生柑橘類とされますが、現在は自然群落が静岡県と高知県に合計で三百本ほどが確認されるのみの絶滅危惧種です。京都御所や皇室系神社には「右近の橘　左近の桜」として植えられたものが現存し、また勲章・家紋・地名・貨幣（五百円玉）のデザインに使われるなど、日本文化の象徴的な植物です。

　葉は常緑で、香りが強い果実は太陽に向かって生えたあと、長い期間、落ちることなく枝を賑わし続けることから、「永遠の命」を象徴する果実です。実際に、栽培の柑橘類に比較してポリフェノール類などの機能性成分が多く、特に葉には高い抗酸化作用を示す「タンゲレチン」や認知症予防・改善に効果を示すポリメトキシフラボン類の「ノビレチン」が、ウンシュウミカンのじつに十倍以上の量を含むことがわかっています。

タチバナ：「春は花　夏は橘　秋は菊　いづれの露に置くものぞ憂き」という和歌に残るほど親しまれたが、現在は絶滅危惧種となっている

「和方」、歴史に翻弄される

　前項で述べたように、古い時代に編纂された文書にはその当時に用いられた和薬たちが多く登場しますが、同時代から広がり始めた中医学の影響で、和薬にも漢名（中国語の植物名）が用いられるようになっていきます。

　平安時代に入り、このような和薬文化の衰退を憂いた桓武天皇の遺命により、『大同類聚方』（808 年）が編纂されました。各地で受け継がれてきた約 500 種の和薬の詳細情報（和名表記の植物、地名、人名、神社名、適応、処方など）が記載された、大変貴重なガイドブックです。さらに、同じ平安時代に皇室の侍医によって編纂された『本草和名』では、その頃に使用された薬物すべての漢名と和名の両方が記載され、各生薬の由来を探ることができる、これも貴重な資料となっています。

　こうした書物から垣間見られる「和薬の本名」は、なかなか趣深いものです。たとえば、**有効成分のベルベリンを多く含む「オウレン」（キンポウゲ科オウレン属）の本名は「カクマグサ」。秋の七草として万葉集で歌われ、喉の薬としても名高い「キキョウ」（キキョウ科キキョウ属）は「オカトトキ」と呼ばれていたことが記録されます。**

　さらに時代は下り、江戸時代の学者である貝原益軒により発刊された『大和本草』（1709 年）には、近世日本で使用された和薬が多く記録されています。そこには、庶民たちが近隣に生える**ゲンノショウコや、開花期のドクダミを採取し、軒下に干す風景が、江戸の下町の風物詩であった**ことが生き生きと描かれます。

和薬文化の担い手は「陀羅尼助」をつくった山伏

「和方」が大衆に活用されるうえで大きな役割を果たしてきたのが、修験道です。

修験道とは、奈良時代の呪術者である役小角が開祖と言われ、古くから日本に伝わる山岳信仰や古神道に仏教（密教）の要素が加えられた日本オリジナルの宗教です。修験者は「山伏」とも呼ばれ、その文字のとおり、深山幽谷にこもって自然と一体となり、厳しい修行を行い、それによって習得した神聖な力と知恵をもって衆生を救うことを目指します。

なお、修験道のような深山での修行において霊力を得るスタイルは、中国の道教の「仙人」や南アジアのバラモン教の「ルーシー（RISI）」など、アジア各地の古代宗教と不思議な共通点が見られることます。

タイの修験者 ルーシー：深山で修行し薬草を食して超人化するという山岳信仰の文化は、アジア全域に残る

山伏たちは、開祖の役小角のやり方を踏襲して、嫁もとればお酒もいただく在家スタイルで、常に大衆に近いところに存在していました。また、各地の修行地を巡る特権のようなものを与えられていたこともあり、その貴重な体験やノウハウが全国に広がっていったのです。

　その山伏たちから大衆へと伝えられた代表的な知恵の1つが「薬草」です。山伏が修行する深山地帯は雪深く、酸素も薄く、また紫外線が強いことから、そこで生きる植物は厳しい自然環境に対抗するため、多くの成分を身体に蓄えます。つまり深山地帯は薬草の宝庫なのですが、スポーツ登山などが存在しない時代では深山に大衆が近づく機会はなく、その種類や薬効を知り尽くす特別な存在が山伏たちだったのです。

全国に存在する知られざる山伏ハーブ

　山伏によって伝えられた深山に生きる和薬の代表格が、「キハダ」と「トウキ」です。

　「キハダ（黄膚）」はミカン科キハダ属の高木です。その語源は、初夏（梅雨頃）に周皮をはがすと現れる濃い黄色の内皮で、そこにはアルカロイドの一種である「ベルベリン」が含まれます。強い抗菌力と苦味を持ち、胃腸を始めとする万能薬として重宝されてきました。

　山伏によってつくられた「日本史上もっともヒットした和薬商品」が、キハダを原料とした「陀羅尼助」（エリアによって「百草丸」「大山煉熊丸」などと呼ばれる）です。キハダの他には「ゲンノショウコ」「センブリ」「ホオノキ」「アオキ」などの和ハーブが配合されます（流派により異なる）。陀羅尼助は、山伏の厳しい修行や参拝における携帯薬として、またその強い苦味から眠気覚ましにも使用され、同時に山伏たちの手を経て、全国に普及していきました。

　一方、「トウキ（当帰）」はセリ科シシウド属の草本で、本州中部以北の比較的標高が高い岩場などに自生し、日本固有種は「ミヤマトウキ」です。

　東の修験道の本場、出羽三山では、月山の山頂近くなどにトウキを中心とした薬湯場が設けられ、厳しい気候環境での行者たちの健康維持の

強い味方となりました。有効成分の「フタリド」に血管拡張作用があり、血流と体温を上げることで免疫力増加、ホルモンの活性化などを導き、婦人系の病気の特効薬としても知られます。

　トウキの薬効は、日本だけでなく全世界的に認められています。中医学における万能薬の「当帰芍薬散」に配合されます。ヨーロッパでは飲用だけでなく、その茎葉を魔除けとして身につけたほどその効能が信じられていました。英名・学名である「angelica（アンゼリカ）」は「天使」を意味しますが、その由来は、14 世紀の欧州でペストの流行時に、ある修道士の枕元に大天使が現れ、疫病から人々を守る薬草としてトウキを示唆したことから来ています。

トウキ：女性の身体の悩みにもっとも応える和ハーブ。日本の野生種には「ミヤマトウキ」「ホッカイトウキ」などがある

薬草の聖地　伊吹山

　和薬の山伏から大衆への広まりを興味深い側面から伝えるのが、「薬草の聖地」として名高い、岐阜県と滋賀県にまたがる伊吹山です。

　伊吹山は地理的に日本列島のほぼ中心にあたり、また高木の育ちにくい石灰岩地質などから、非常にバリエーション豊かな植生となる条件が揃っています。そこに育つ植物は3千種、そして薬草は280種類以上といわれています。

　かつては寺院が多数建てられていた修験道の聖地でもありましたが、中世の戦乱で寺院は焼き尽くされ、山伏たちは去っていきました。麓の住民たちは、「日本一の薬草の山の知恵」を授けてくれる山伏がいなくなったことで、やむを得ず自ら学習しなければならない環境に追い込まれました。そんな歴史のいたずらが、やがて大部分の住民たちの薬草の生態・効能・使用方法を精通させることとなり、そこに米が育ちにくい環境も手伝って、薬草を他地域に売ることで生計を立てる国内でも稀な文化圏となっていったのです。

　この伊吹山麓エリアの古老たちは、現代においてもその日の体調に合わせて10種類前後の和ハーブをブレンドした薬草茶と薬草風呂を毎日たしなみ、和薬には他の日本のどの地域よりも精通する名人たちです。しかし過疎化や生活の近代化などにより、その貴重な知恵の継承が危ぶまれています。

日本伝統医療における「漢方」と『和方』の比較

項目	漢方（薬）	和方（薬）
概要	中医学を主なベースに、和方や独自の経験値が加えられたのもの	民間療法として各地域や文化圏において独自に伝承されてきたもの
手法、考え方	統一され、体系づけられている	特に統一された体系やノウハウはない
療法の具体的手段	鍼灸、按摩、生薬（内服、外用）など	主に植物療法（内服、外用）、他に温熱療法（風呂）、まじないなど
生体のとらえ方と要素	「気、血、水」「五臓六腑」「陰陽」など	特に統一された体系やノウハウはない
病態の診断手法	問診、脈診、舌診などで判断し、対処する	症状（腹痛、頭痛など）に対して、よいとされている手法を適用する
生薬の素材	複数種が配合され、症状に対して使われる素材の種類、配合率、処方、薬の名称が細かく決められる	素材は単独種、まれに複数種が配合されるが、その種類、配合率、処方などに統一された体系やノウハウはない
使われる素材	植物、動物、菌類、まれに鉱物	主に植物、まれに動物
代表的な素材	カンゾウ、マオウ　など	ゲンノショウコ、ナギナタコウジュ（アイヌ）、ホソバワダン（琉球）　など
近代以前の一般的な位置付け・コスト	専門性が高いので庶民は扱えず、コストは基本的に高額である	身のまわりにある自然素材を使う民間伝承、コストは基本的に無償
現代日本における位置づけ	準医療行為として国家資格があり、認識されている	さまざまな事情から世代間隔絶が起こり、ノウハウや実践の継承が危ぶまれる

第3章

和ハーブ・サイエンス

前章で触れたように、植物の細胞内では光合成を起点に無限ともいえる化学反応が繰り返され、さまざまな物質が合成されます。

健康に関心が高い人たちの間で「化学物質は身体に悪い」という表現をすることがありますが、敢えて正確な表現をするならば「人工的に合成された化学物質」と言い換えるべきであり、そもそも化学物質（有機化合物）の大部分は植物の細胞内が大元です。

そして近代医療で使われる医薬品の多くが、植物が合成する化学物質を抽出、あるいは再現（模倣）したものです。これらの医薬品においては、人のホメオスターシス（恒常性）機能を妨げる形、すなわち生体内の本来の化学反応と逆行する作用を起こすことで、症状や病原を抑える原理です。その起源は、植物が人を始めとする他の生物の食害や侵襲に対抗してつくった「毒成分」であり、「毒と薬は同じもの」たるゆえんなのです。

本章 146 〜 156 ページは試験範囲外の参考資料となります。

［医薬］のサイエンス

「生理活性物質」とは

　人の体内で生産され、身体の生理活動を活性化する物質を「生理活性物質」と呼びます。生理活性物質は、生体を常によい状態に保つ「ホメオスターシス（恒常性）」機能の要で、主に自律神経と連動し、体内外の状況に応じて必要な生理反応を起こさせます。

　その機能性や性質などにより、「ホルモン」「神経伝達物質」「サイトカイン」「酵素」などのグループに分かれますが、このうち、基本となる「ホルモン」と「酵素」について、以下に解説します。

①ホルモン

　ある器官や臓器の細胞で合成され、血液に乗って標的器官の細胞までたどりつき、その細胞を刺激して生理反応を起こさせる物質の総称です。その量はとても微量ながら、全身のあらゆる細胞に命令を届けに行く「液体のメッセンジャー」と考えてください。ホルモンは標的細胞にたどり着くとその受容体に結合し、標的細胞はそれに反応して構造や機能を変化させたり、必要な物質を合成したりします。受容体にホルモンの分子構造の一部が「合い鍵」のようにはまることで、それぞれのホルモン特有の反応が起きるようになっています。

　たとえば、卵巣などでつくられる女性ホルモン「エストロゲン（ラテン語 "estrous + genos ＝ メスの発情" が語源）」は、排卵日直前に分泌量がピークに達します。エストロゲンは乳腺細胞の受容体に結合して乳房の膨らみをつくり、腹部の脂肪細胞には体脂肪合成の抑制命令を出して女性らしいクビレ体形を促進、皮膚細胞にはターンオーバーを促すことで美しい肌を保たせ、オス（男性）にとって魅力的な女性の姿を演出します。その生産量は、一生でわずか耳かき一杯ほどで、有効に活用しなければなりません。

　ほかに重要なホルモンとしては、血糖値降下や中性脂肪合成の命令を出す「インスリン」や、免疫抑制などに作用する「コルチゾール」、睡眠を誘導する「メラトニン」などがあります。

　なお、「神経伝達物質」や「サイトカイン」も同様に特定の細胞で分泌されたあと、生理活性を促すホルモンのような働きをしますが、血液にのらずに周辺細胞や分泌細胞自身に働きかけるところが決定的な違いとなります。

②酵素

　体内の物質同士の結合や分解など、さまざまな「物質の化学変化」を司る（触媒）生理活性物質です。

　生体内の物質と化学反応を「建造物の施工」にたとえて、酵素を説明してみましょう。「体内で合成される物質（＝建造物）」につき、合成における化学反応の内容（＝施工法）」が描かれたのが、「DNA（＝設計事務所）」がつくる「遺伝子（＝設計図）」です。「酵素（＝専門大工）」はその情報を基に、高度な技術を駆使して「化学反応（＝施工）」を行いますが、この作業を行うために欠かせないノコギリや金づちなどに当たるものが、ビタミンやミネラルなどの「補酵素（＝大工道具）」となります。

　具体的な例として、高分子で複雑な構造のタンパク質「コラーゲン」をつくる酵素が「ヒドロキシラーゼ」ですが、この酵素が存分に働くには「ビタミンC（アスコルビン酸）」という補酵素が欠かせません。もしビタミンCが極度に不足した場合はコラーゲンの体内合成が止まり、たとえばコラーゲンが主成分の血管が溶解する「壊血病」の症状が現れます。なお、体外で合成された酵素を経口摂取しても、消化段階でアミノ酸まで分解されてしまいます。よってその機能性を維持したまま体内に摂り込まれ、生物活性物質として働くことはありません。

生理活性物質について

アルカロイド類などの生物活性物質は下記物質と同じ作用を持つものがある。

生理活性物質	定義	原料	代表的な種類
酵素	生体内の化学反応の仲介（触媒）に入る機能性タンパク質の総称。	タンパク質、ミネラルなど	消化酵素（アミラーゼ、プロテアーゼ、リパーゼ等）、抗酸化酵素(SOD、カタラーゼ等)、ヌクレアーゼなど
ホルモン	ある器官で合成され、体液に運ばれて標的細胞に到達し、生理反応を促す液性伝達物質の総称。	アミノ酸系	インスリン、アドレナリン、グルカゴン、成長ホルモン、メラトニン、オキシトシンなど
		ステロイド系	エストロゲン、プロゲステロン、テストステロン、コルチゾールなど
神経伝達物質	神経細胞間で情報伝達をし、生理反応を促す物質の総称。ホルモンのように体液を介さず局所作用する。	アミン系	アセチルコリン、ドーパミン、セロトニン、アデノシン、グルタミン酸、タウリンなど
		元素系、ミネラル系	一酸化窒素、亜鉛、マグネシウムなど

生物活性物質と「アルカロイド類」

対して、**体外の物質ですが生理活性物質と化学構造が似ているなどの理由から、体内に入ると生理活性物質と同じような作用をする物質の総称が「生物活性物質」です。**

ホルモンなどの生理活性物質は、脳が体内の状態や外部の環境などからその時に必要な分泌物質を判断し、的確なタイミングと量において生産・分泌されます。対して生物活性物質は体外から入ってくるため、状況に関係なく強引に生理反応を引き起こします。その作用が人間にとって都合がよいと「薬」と呼ばれますが、都合が悪い場合は「毒」と呼ばれることになります。

人間(動物)に対して、強い生物活性を起こす植物成分の代表が「アルカロイド類」です。

アルカロイド類は、植物の細胞内で主にアミノ酸を原料につくり出されます。その分子構造もしくはその一部が人間の生理活性物質と似ているために、身体が要求しない生理反応を引き起こすのです。

アルカロイド類は、その分子構造や作用などはそれぞれ異なりますが、どの植物も体内で合成し、保持しており、「植物が動物の食害対策用につくっている成分」とも考えられています。

アルカロイド類などの生物活性物質が身体に効く仕組みは、よく「鍵と鍵穴の関係」にたとえられます。

鍵は、その鍵穴の細かい形状に一致した状態で機能を発揮します。スペアキーをつくったときに、デザインが違って別の鍵のように見えても、先端の細かい形状が一致していれば、鍵は開きます(＝正しい鍵)。逆に、たとえば同じマンションの別部屋の鍵などは、鍵穴の奥深くまで差し込めたりする場合がよくあります。しかし細かい形状を違えてつく

137

られているため、鍵は開きません（＝ニセの鍵）。

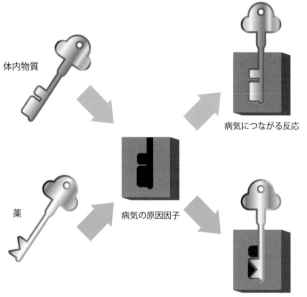

体内物質

薬

病気の原因因子

病気につながる反応

病気につながる反応の抑制

　次にこの鍵穴の理論を使って、生物活性物質が身体に作用する仕組み
を見てみましょう。

　もっとも身近なアルカロイド類の１つ「カフェイン」の生物活性の１
つは、プリン体と呼ばれる化学構造の一部（＝鍵の形状）が、交感神経
の興奮を静める神経伝達物質「アデノシン」と酷似していることによっ
て起こります。すなわちカフェインはアデノシンのふりをしながら、ア
デノシンがはまるべき鍵穴を埋めていきますが、「ニセの鍵」なので交
感神経は静まりません（＝鍵は開かない）。その結果、アデノシンは行
き場を失うことになり、交感神経の興奮が継続することになります。

　次に、アルカロイド類が「正しい鍵」となる生物活性の例です。

　ユズやタチバナなどの柑橘類の皮に含まれる「シネフリン」は、ホルモンの「アドレナリン」の分子構造と酷似しています。アドレナリンは「闘争 (逃走) ホルモン」と呼ばれ、体内では交感神経を亢進します。

　シネフリンを摂取すると体内でアドレナリンと同じような作用を起こし、身体を興奮状態に導きます。シネフリンはこの作用から脂肪分解や食欲抑制を促進することで、ダイエットサプリメントの成分などで使われています。しかし全米大学体育協会 (NCAA) はシネフリンを興奮剤としてとらえ、ドーピング検査における禁止薬物に掲載しています。また日本では禁止薬物ではありませんが、その候補としての監視プログラムに掲載されています (公益財団法人日本アンチ・ドーピング協会：2023 年時点)。ヨーロッパなどでは、シネフリンをコーヒーなどのカフェインを含む嗜好品と一緒に摂取した場合、血圧上昇や心血管疾患を起こすリスクがあるとされ、注意勧告が出されています。

　ちなみに、このシネフリンと分子構造が酷似しているのが、マオウという植物に含まれ、風邪の症状を抑える葛根湯の主成分として知られる「エフェドリン」です。覚せい剤取締法の対象である「覚せい剤」は、このエフェドリンを基にした「メタンフェタミン」の人工合成により、日本の化学者によって開発されたものです。

　ミカンの皮を乾燥させた生薬は「陳皮」と呼ばれ、健康志向の人が好んで摂取する傾向がありますが、シネフリンの多量摂取のリスクがあります。身体に優しいと一般的に思われがちの生薬はそもそも植物由来であって、このような生物活性が強いアルカロイド類が含まれる場合もあるということを、認識すべきでしょう。

3つの物質は分子構造が類似

エフェドリン
（葛根湯などに含まれるマオウの主成分）

メタンフェタミン
（エフェドリン由来の覚醒剤）

アドレナリン
（副腎髄質ホルモン）

身近にあるアルカロイド類と、それ以外の植物由来の生物活性物質

　身近なアルカロイド類の例としては、嗜好品としてのチャノキ（ツバキ科）やコーヒーノキ（アカネ科）に含まれる「カフェイン」、タバコ（ナス科）の「ニコチン」、またスパイスとしてのトウガラシ（ナス科）の「カプサイシン」、サンショウ（ミカン科）の「サンショオール」、コショウ（コショウ科）の「ピペリン」などがあります。

　薬としては、前項で紹介したマオウ（マオウ科）から抽出される「エフェドリン」のほか、キハダ（ミカン科）やオウレン（キンポウゲ科）に含まれる「ベルベリン」、ケシ（ケシ科）から抽出される麻薬成分「モルヒネ」などがあります。

　毒成分としてのアルカロイド類の代表が、トリカブト（キンポウゲ科）の「アコニチン」。根の部分に多く含まれ、人はわずか0.2 g程度の摂取で全身の筋肉細胞の受容体などに作用し、1時間以内に痙攣・呼吸困

難・心停止などを引き起こし、死亡に至ります。食中毒を起こすジャガイモ (ナス科) の芽の「ソラニン」も、アルカロイド類の仲間です。ソラニンは副交感神経の動きを鎮める働きに関係する酵素「コリンエステラーゼ」を阻害するため、消化器の運動異常が亢進することで嘔吐、下痢、腹痛が起きます。

アルカロイド類以外の植物成分、たとえばポリフェノール類にも生物活性を示すものがあります。

ダイズやクズなどのマメ科植物に含まれる「イソフラボン」は、女性ホルモンのエストロゲンと分子構造が一部似ています。その部分が各細胞のエストロゲン受容体 (＝鍵穴) にはまり、エストロゲンと同様の作用を起こすといわれます (＝正しい鍵)。

アサ (アサ科アサ属) に含まれる麻薬成分「カンナビノイド」は、テルペン類と呼ばれる化合物グループに属する生物活性物質です。脳にはカンナビノイド受容体があり、記憶や情動、食欲などを司るといわれます。カンナビノイドに類似する生理活性物質「アナンダビド」は 1990 年代に入ってようやく確認されましたが、植物由来の生物活性物質が生理活性物質より先に発見された珍しいケースです。

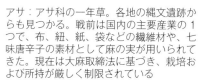

アサ：アサ科の一年草。各地の縄文遺跡からも見つかる。戦前は国内の主要産業の1つで、布、紐、紙、袋などの繊維材や、七味唐辛子の素材として麻の実が用いられてきた。現在は大麻取締法に基づき、栽培および所持が厳しく制限されている

　植物は太陽光 (紫外線) のエネルギーを使い、元素に近い無機物である二酸化炭素と水から、複雑な構造をした有機化合物である「ブドウ糖」をつくり出します。そしてこのブドウ糖を基原物質とし、根から吸い上げた窒素や微量のミネラルなども使いながら、タンパク質 (アミノ酸)、脂質、多糖類、ポリフェノール類などの有機化合物を、酵素反応を主とした細胞内の代謝経路を使ってつくり上げます。その様子は、高度な知識を持った専門家 (＝酵素) と複雑で精密なベルトコンベアシステム (＝代謝経路) を擁する究極の化学工場といえるでしょう。

　このような**植物細胞内の代謝システムでつくられる物質の中で、植物自身の生命維持に必要不可欠な物質の総称を「一次代謝産物」**といいます。

　植物の一次代謝産物は、ほぼすべての生物において共通した必須成分といえます。それは人にとっての三大栄養素でもある「糖質」「タンパク質 (アミノ酸)」「脂質」をはじめとして、細胞のＤＮＡ材料である「核酸」、エネルギー生産において最重要物質である「ＡＴＰ (アデノシン三リン酸)」や「ＮＡＤＰＨ (ニコチンアミドアデニンジヌクレオチドリン酸)」などが該当します。

　一方、**植物がその生命維持において必須ではないものの、さまざまな目的を持ってつくり出す物質の総称を「二次代謝産物」**といいます。

　その目的は、**微生物や動物など他の生物に対する防御作用、動物に受粉・種子散布を行わせる誘因作用、紫外線などに対する抗酸化作用、植物自身の生理活性作用 (植物ホルモン) など、多彩**です。

　一次代謝の補助作用や細胞の構成成分など、一次代謝とは明確に分けられないような物質もあります。

　どうであれ、一次代謝産物も二次代謝産物も、その根源物質は光合成によって生産される「糖」です。「独立栄養生物」である植物は、糖をベースにさまざまな有機化合物を合成し、生産者として生物界全体を支えていることが、おわかりかと思います。

和ハーブの二次代謝産物とその例

　人と植物二次代謝物との縁は深く、その性質や目的に応じて生活のあらゆる側面に有用してきました。

　そのうち、食品として機能性があると認定された物質は「フィトケミカル」という栄養素名で呼ばれます。

　物質の生物活性が、人の病気などに有益に働くと判断すれば「薬」と呼びますが、逆に有害と判断すれば「毒」にもなります。

　ほかにもその使用目的に応じて「繊維」「色素」「香料」「塗料」「建材」「燃料」などとして扱われます。

　一方、植物側から見た二次代謝産物は、「ファイトアレキシン」という言葉でも呼ばれます。その中でも他の生物への防御またはコミュニケーションの役目を果たし、大気や土壌などの外部に放出される成分については「アレロケミカル」あるいは「フィトンチッド」と呼ばれたりします。

　二次代謝産物は、その代謝経路と、基本的な分子構造や性質によって、いくつかの大きなグループに分けられます。さらにそのグループ内において官能基などの副次的な分子構造において分類されますが、各物質特有の化学的な性質(性能)はこの官能基によって決まることが多いといわれます。

　現代において、人が利用する化学物質は、その物質が発見されるきっかけとなった植物の学名がベースになっています。

植物二次代謝物はその分子構造と生合成経路によって、①芳香族化合物 (フェニルプロパノイド系) ②テルペン類 (イソプレノイド系) ③アルカロイド類④その他 (糖、アミノ酸、脂肪酸由来系、低分子系など) の主に４つのグループに分けられます。そしてそれらのグループ由来の分子構造がさらに結合し、非常に多様な化合物がつくられています。

和ハーブのファイトアレキシン例

①芳香族化合物

キブシ

　熟した果実に多くのガロタンニンの「五倍子」を含み、乾燥させて粉にしたものをお歯黒や墨の代わりに利用した。(画像は若い果実。熟すと茶褐色に変化する)

②テルペン類

アマチャヅル

　含有成分のトリテルペノイドサポニンの「ジンセノサイド」は、朝鮮人参と同様の薬効があるとして一時期、話題となった。

③アルカロイド類

イチイ

　種子を囲んでいる赤く柔らかい部分(仮種皮)は甘く美味であるが、種子には猛毒成分であるジテルペンアルカロイド類の「タキソール」を含む。

④その他（青酸配糖体）

ビワ

　未熟種子に含まれる青酸配糖体「アミグダリン」は、人の消化酵素で加水分解されると猛毒の青酸を生じるが、少量では薬効成分となる。

④その他（有機硫黄化合物）

ワサビ

「シニグリン」は根茎などに含まれる揮発成分で、ほかの生物からの忌避成分であるが、人は辛味成分として食に活用する。

グループ① 芳香族化合物（フェニルプロパノイド系）

「芳香族化合物」は、自然界に一大グループをつくる植物二次代謝物の代表物質で、炭素原子６個のフェニル環（ベンゼン環など）を分子内に擁する化合物の総称である。主に「シキミ酸経路」と呼ばれる代謝経路にて、フェニル環に炭素原子３個が側鎖環として結合（C_6―C_3）した「フェニルプロパノイド」、もしくはその誘導体が主たる物質となる。傾向として、中心骨格となる環状部は安定しており、酸化・還元反応を受けにくいが、置換反応は起こしやすいという性質を持つ。

芳香族化合物は古来、人の生活に深く関わってきた物質である。フェニルプロペン類やベンゼノイド類などの低分子系物質においては、その揮発性と芳香を、香料や精油などで活用してきた。

一方で高分子系物質においては、飲食品や医薬品、色素材、あるいは収斂剤として、その機能性を有用する。特に、フェニル環にヒドロキシ基が複数結合した「ポリフェノール」、またその代表的化合物群である「フラボノイド」（C_6―C_3－C_6）は、芳香族化合物ではもっとも大きなグループを占め、その数は配糖体などの形を含めると、約７千種類ともいわれる。「アントシアニン」、「イソフラボン」、「タンニン」など、健康・美容において話題となる物質も、このグループに属する。

なお、発見初期に芳香を持つものが多く単離されたために「芳香族化合物」という名称になったが、必ずしも芳香を持つとは限らない。

※ 146 ～ 156 ページは試験の範囲外です。

芳香族化合物　1

グループ名	物質名	含まれる主な和ハーブ
クマリン	クマリン	フジバカマ、サクラ、クルマバソウ
	ベルゲニン	ユキノシタ、アカメガシワ
	オーラプテン	タチバナ、ユズ、ウンシュウミカン
	フィロズルチン	アマチャ
フタリド	リグスチリド	トウキ、シシウド
シンナムアルデヒド	シンナムアルデヒド	ヤブニッケイ、カワミドリ
フェニルプロペン	アネトール	ウイキョウ、シキミ
	オイゲノール	ヤブニッケイ、タムシバ、セリ
	サフロール	クスノキ、シキミ
ベンゼノイド	ベンズアルデヒド	サクラ、モモ
	2-フェニルエタノール	ハマナス、ノイバラ、フウロソウ
リグニン	リグニン	(植物の細胞壁を構成する重要成分)
リグナン	セサミン	ゴマ
ネオリグナン	マグノロール	ホオノキ、タムシバ
	カズレノン	フウトウカズラ
サリチル酸	サリチル酸	(植物ホルモン)
ベタレイン	ベタシアニン	スベリヒユ、ヤマトナデシコ
アントラキノン	アリザリン	アカネ
	ヒペリシン	オトギリソウ
フェノール酸	クロロゲン酸	ヨモギ、フキ
	ロスマリン酸	シソ、ウツボグサ
スチルベノイド	レスベラトロール	ヤマブドウ、スグリ

芳香族化合物　2

グループ名	物質名	含まれる主な和ハーブ
フラバノン	サクラネチン	イネ、サクラ
	ヘスペリジン	タチバナ、ウンシュウミカン
フラボノール	イカリン	イカリソウ
	ルチン	ソバ、クワ、和柑橘類
	クエルセチン	ハンゲショウ
	フィセチン	ノイチゴ類、キク類
	パキポドール	カワミドリ
フラボン	アピゲニン	タンポポ
	ルテオリン	エゴマ、イブキジャコウソウ
アントシアニン	アントシアニン	多くの植物の紫、青、赤系色素
イソフラボノイド	ダイゼイン	クズ、ダイズ
	ゲニステイン	ダイズ
フラバン 3- オール	カテキン	チャノキ
ジアリールヘプタノイド	クルクミン	ウコン
	ガレオン	ヤチヤナギ
その他フラボノイド	カーサミン	ベニバナ
	ニムフェオール	オオバギ
カテキン	カテキン	チャノキ
縮合型タンニン	テアフラビン	チャノキ
	カキタンニン	カキノキ
加水分解型タンニン（ガロタンニン）	五倍子	キブシ
	カスタラジン	スダジイ、ブナ
加水分解型タンニン（エラジタンニン）	ゲラニイン	ゲンノショウコ
	ベルゲニン	アカメガシワ

グループ②　テルペン類（イソプレノイド系）

「イソプレノイド系化合物」とは、炭素原子5個が鎖状に繋がる中に二重結合を2つ持つ「イソプレン」骨格を分子構造内に擁する物質、あるいはその誘導体（イソプレノイド）の総称である。自然界に存在する有機化合物においてもっとも多くの種類を持つグループであり、その数は2万種類以上ともいわれる。

特に植物が生合成するイソプレノイドは「テルペノイド」といわれる。その名称の由来は、最初に単離されて構造が決定した化合物が、マツの樹脂を原料とした「テレピン油」だったことに由来している。

テルペノイドのうち、「モノテルペノイド」および「セスキテルペノイド」の低分子系は揮発性が高く、強い香りを持つ物質が多い。植物はそれらを大気中に揮発することにより、殺ウイルス・殺菌、また昆虫など動物に対して、食害からの忌避、および受粉などにおける誘引を行っている。さらに、仲間の植物同士間においての「信号物質」として使用する、とも考えられている。

これらテルペン系揮発成分に、フェニルプロパノイド系揮発成分を加えると、植物が大気中に揮発する成分量は膨大になる。それらは結果的に、地球上の大気状態にかなりの影響を与えていると思われる。

人はその揮発性と香りを活かし、香料や精油などにおいて有用する。

テルペン類は、イソプレン骨格が重合して高分子体になっていくにつれて揮発性はなくなるが、植物体内においてさまざまな役割を果たしていくこととなる。

炭素数が20の「ジテルペノイド」の代表的なものが、光合成の中心物質である「クロロフィル」である。また、人にとってビタミンEとなる抗酸化物質の「トコフェロール」もこの仲間に含まれる。炭素数が30の「トリテルペノイド」の仲間にも、植物生体にとって重要な物質が多い。「ステロイド」類は、植物生体内ではトリテルペノイドの「シ

クロアルテノール」を前駆体として生合成される。3つのいす型シクロヘキサン環（炭素原子6個）とシクロペンタン環（炭素原子5個）1つが結合した「ステロイド骨格」といわれる基本構造（$C_{17}H_{28}$）を持ち、総炭素原子数は18〜29となる物質の総称で、植物細胞の構成成分や植物ホルモン原料など、植物生体において重要な役割を果たしている。また「サポニン」類は界面活性を持つ配糖体化合物の総称で、構造上、「トリテルペノイドサポニン」と「ステロイドサポニン」に分かれる。炭素数が40の「テトラテルペノイド」の代表物質は、光合成補助や抗酸化など植物生体において非常に重要な役割を持つ「カロテノイド」類である。紅葉（黄色）や花の色素成分であり、炭素と水素のみで構成される「カロテン」類と、酸素原子が含まれる「キサントフィル」類に分かれる。

　人はこれら高分子系テルペノイドを、脂溶性ビタミンやフィトケミカル類などの食品機能成分として有用するほか、染色剤やゴムなどの天然樹脂として有用する。またサポニン類はその界面活性を活かし、古くから石けんや洗剤として、あるいは薬としても活用してきた。

テルペン類（イソプレノイド系）1

グループ名	物質名	含まれる主な和ハーブ
ヘミテルペノイド	プロトアネモニン	キツネノボタン、オキナグサ
モノテルペノイド（非環式）	ゲラニオール	ハマナス、フウロソウ
	ミルセン	ウワミズザクラ、エゴマ、ミツバ
	オシメン	(植物の花の香り)
	リナロール	クロモジ、ハマナス、ゲットウ
	ネロール	タチバナ、ダイダイ、ゲットウ
	シトラール	コブシ、オカルガヤ、レモンエゴマ
モノテルペノイド（環状）	リモネン	ゲットウ、和柑橘類
	ピネン	マツ、スギ、ヒノキ
	チモール	イブキジャコウソウ、ヤマジソ
	メントール	ハッカ、カキドオシ
	アネトール	ウイキョウ、カワミドリ
	ヒノキチオール	アスナロ、ネズコ
	カンファー	クスノキ、リュウノウギク、ゲットウ
	ボルネオール	ヨモギ、リュウノウギク
	1,8‐シネオール	ヨモギ、クロモジ、タムシバ
モノテルペノイド（イリドイド）	スウェルチアマリン	センブリ
	ゲニポシド	クチナシ
	イリドミルメシン	マタタビ、サルナシ
セスキテルペノイド	ジンギベレン	ショウガ
	カリオフィレン	アサ、ヒハツモドキ
	プタキロサイド	ワラビ
	コリアミルチン	ドクウツギ
	アニサチン	シキミ

テルペン類（イソプレノイド系）2

グループ名	物質名	含まれる主な和ハーブ
ジテルペノイド	クロロフィル	（植物の葉緑体主成分）
	オリザレキシン	イネ
	トコフェロール	チャノキ、トウガラシ、イネ
トリテルペノイド	シクロアルテノール	（植物のステロイド前駆体）
	リモノイド	キハダ、ダイダイ、センダン
	ウルソール酸	カキドオシ、シソ
	ベツリン酸	シラカンバ
ステロイド	コレステロール	（植物のステロイドアルカロイド前駆体）
	シトステロール	（植物の細胞膜成分）
トリテルペノイドサポニン	ジンセノサイド	アマチャヅル
	プラチコジン	キキョウ
	グレジチアサポニン	サイカチ
	ムクロジサポニン	ムクロジ
	アケボサイド	アケビ
ステロイドサポニン	プロトジオシン	ヤマノイモ
	オフィオポゴニン	ジャノヒゲ、ヤブラン
メロテルペノイド	カンナビノイド	アサ
テトラテルペノイド（カロテノイド）	β‐カロテン	（植物の赤・橙・黄系色素）
	リコペン	（植物のカロテノイド前駆体）
テトラテルペノイド（キサントフィル）	ルテイン	カラシナ、サルナシ、ナツハゼ
	ゼアキサンチン	クコ、カキノキ
ポリイソプレノイド（ナフトキノン）	シコニン	ムラサキ
	メナキノン	ダイズ

グループ③　アルカロイド類

「アルカロイド」とは、分子構造内に窒素を有した強い生物活性を持つ植物二次代謝産物 (アミノ酸や核酸などの一次代謝産物は除く) の総称である。窒素原子がアミノ酸由来のものは「真正アルカロイド」、同じくアンモニア由来のものは「偽性 (プソイド) アルカロイド」、およびその他のアルカロイド類に分かれる。アルカロイドとは「アルカリ性のようなもの」という意味で、実際にほとんどの物質は塩基性を示すが、弱酸性や中性を示すものもある。

　植物がアルカロイド類をつくる目的は明らかになっていない部分も多いが、排便機能を持たない植物のアミノ酸代謝における老廃物という説や、動物の食害への防御物質という説もある。実際にアルカロイド類の動物へ毒性や、苦み・えぐみ・辛みを感じさせるものが多いことにおいて、動物への警告であると考えられている。

　人はその強い生物活性 (毒性) を、体内生理活性物質の代わりとして巧妙に働かせ、つまり「薬」として活用してきた。あるいは毒性そのものを、矢毒などの武器、殺菌剤、生物農薬などにも有用する。あるいはアイのインディゴやキハダのベルベリンなど、染色剤などで使う場合もある。

　なおアルカロイド類は本来、植物生体内でつくられる物質を指すが、現在は広義において真菌類や動物が生合成する物質 (水生動物の有毒防御物質、アドレナリンなどのアミン系神経伝達物質) や、人工合成物も含む場合がある。

アルカロイド類

グループ名	物質名	含まれる主な和ハーブ
真性アルカロイド	ベルベリン	キハダ、オウレン
	ヒヨスチアミン	ハシリドコロ
	シネフリン	タチバナ、ユズ
	ギンコトキシン	イチョウ
	ピペリン	ヒハツモドキ
	マグノフロリン	イカリソウ
	マグノクラリン	ホオノキ
	シノメニン	オオツヅラフジ
	リコリン	ヒガンバナ
	チアミン	ダイズ、マツ、ニンニク
偽性アルカロイド その他のアルカロイド類	アコニチン	トリカブト
	ニコチン	スギナ
	タキソール	イチイ
	ベラトラミン	バイケイソウ
	ケリドリン	クサノオウ
	ピロリジジン	フキ
	コクサギン	コクサギ
	テオフィリン	チャノキ
	ダフニフィリン	ユズリハ
	カプサイシン	トウガラシ、シシトウ
	アクチニジン	マタタビ、サルナシ
	サンショオール	サンショウ、イヌザンショウ
	カフェイン	チャノキ

グループ④　その他 (有機硫黄化合物、青酸配糖体など)

　植物二次代謝産物には、先に紹介した芳香族化合物、テルペン類、アルカロイド類の３大グループに入らないものが存在する。

　分子構造に硫黄 (S) を擁する「有機硫黄化合物」という物質は、グルコースおよびアミノ酸の誘導体の「グルコシノレート」、およびアミノ酸由来の「システインスルホキシド」と呼ばれるグループに大きく分かれる。含まれる植物類には、ヒガンバナ科ネギ属のニンニク、ニラ、ノビルや、アブラナ科のワサビ、カラシナ、ダイコン類などに共通する、特有の刺激臭や辛みを持つものが多い。人はそれらを、主に食品機能成分として活用してきた。

　バラ科種子などに特に多く含まれる「青酸配糖体」は、それを食した動物の咀嚼・消化の過程で猛毒物質の青酸 (シアン) が生成される仕組みを持ち、食害への防御を目的として合成されると考えられている。

　ほかに、３大グループに属さない揮発芳香成分や、アルカロイド・グループに入らない窒素原子を含む化合物、「オキシリピン」など脂肪酸由来のものなどの、機能性を持つ低分子成分が存在する。

有機硫黄化合物

グループ名	物質名	含まれる主な和ハーブ
グルコシノレート	シニグリン	カラシナ、ワサビ
	プロゴイトリン	ダイコン、カブ
	イソチオシアネート	カラシナ、ワサビ、ダイコン
システインスルホキシド	メチイン	ニラ
	アリイン	ニンニク
	スルフェン酸	ネギ類、ニラ、ニンニク

青酸配糖体

グループ名	物質名	含まれる主な和ハーブ
青酸配糖体	アミグダリン	ビワ、ウメ
	プルナシン	モモ、サクラ

脂肪酸由来成分

グループ名	物質名	含まれる主な和ハーブ
オキシリピン	ジャスモン酸メチル	チャノキ

その他低分子成分など

グループ名	物質名	含まれる主な和ハーブ
アルデヒド類	GLV	(植物の緑の香り)
	オクタナール	ドクダミ
ケトン類	アセトアルデヒド	カキノキ、ドクダミ
	ナギナタケトン	ナギナタコウジュ、エゴマ
	メチルイソチブルケトン	ハンゲショウ
エステル類	エチレン	(植物ホルモン)
ラクトン類	アスコルビン酸	柑橘類
窒素化合物	1-デオキシノジリマイシン	クワ
	ピラジン	セリ、ミツバ
ポリイン化合物	シクトキシン	ドクゼリ

抗酸化のしくみと植物

「抗酸化」とは？

「抗酸化」とは文字どおり、「人の体内物質の酸化を防ぎ、酸化された物質を還元する機能」のことをいいます。それでは「酸化」とは何かといえば、文字どおり物質が酸素と結合し、元来の性質を失っていくことです。

身近で見えやすい酸化は「金属の錆び」、あるいは「野菜などが黒く変色する」ことなどでしょうか。たとえば、「チャノキ」が緑茶状態から烏龍茶や紅茶に変化していく現象も、すべて酸化です。

人は呼吸によって酸素を体内に摂り入れ、それを全身の細胞に送り、生きていくためのエネルギーの原料としています。摂り込まれた酸素がすべてきれいに使いきれればいいのですが、そうもいかず、余りものや不良品（活性酸素＝特に酸化活性が高いもの）が出てきてしまいます。

そのため体内では、常にあらゆる物質が酸化する現象が起きています。人の細胞膜や体内タンパク質が酸化することは、それが変質してしまうということですから、いろいろな病気や老化の原因となってしまいます。

そこで身体には、酸化した物質をすぐに修繕して元に戻す（＝還元）ための自衛的な抗酸化機能が備わっていますが、この自衛機能だけではすべての酸化現象をフォローできません。そこで体外から栄養素として抗酸化物質を摂り、「体内の錆びつき」の修復に使うということになります。

抗酸化栄養素の種類とその違い

抗酸化栄養素の主なものは、植物がつくり出すビタミン類（特にビタミンCとビタミンE）および抗酸化フィトケミカルです。これらの栄養素は自らを酸化させることによって、活性酸素を減らし、酸化された体

内物質の還元を引き受けます。

　たとえば日光の紫外線は生物の細胞の組織を壊し、酸化を促すことで知られます。植物は葉や果実の色を濃くすることで紫外線に対抗しますが、このフィトケミカル色素が、人の体内においても抗酸化を助けるということになります。

　抗酸化機能が高いフィトケミカルとしてよく知られるものが「ポリフェノール類」です。分子内に「フェノール」と呼ばれる化学構造を複数以上持つ物質の総称で、ほぼすべての植物が持っているものです。その種類数は５千を超えるといわれ、その代表格の「**アントシアニン**」は**紅葉や果実や花に見られる赤・紫系の色素成分です。アントシアニンの抗酸化機能は高いですが、水溶性のため、脂でできた細胞膜のなかには入れず、主に細胞の外で抗酸化作用を発揮**します。

　先ほど例として挙げた野菜が黒ずむことや紅茶の発酵は、このポリフェノール類が「ポリフェノール酸化酵素」によって酸化していく現象です。

　同じ抗酸化フィトケミカルでも、**脂に溶けるので細胞膜をくぐり抜けることができ、細胞の中での抗酸化の仕事を引き受けるのが「カロテノイド類」**です。**紅葉や果実や花に見られる黄・橙系の色素成分**として知られます。また、分子構造上はアロマテラピーなどで知られる芳香成分テルペン類の一種ですが、分子体が大きいため揮発せず、香りません。

　一般的に知られるのは、**ニンジンの「β-カロテン」やトマトの「リコピン」**などですが、和ハーブとしては「ハマナス」(バラ科)や「タンポポ」(キク科)の花、また「クコ」(ナス科)や「アキグミ」(グミ科)などの和果に多く含まれます。

　なお、**カロテノイドは脂溶性であることから、脂質と一緒に摂取しなければ小腸から体内への吸収はほぼ行われない**ということも、植物の恵みをいただくうえでの重要な知恵となります。

主な抗酸化物質とその特徴

体内でつくられるもの	尿酸	体内でもっとも多い抗酸化物質
	グルタチオン	ペプチド。他の抗酸化物質の還元に関わる
	メラトニン	細胞膜と血液脳関門を通過できる
	ウロビリノーゲン	腸内細菌により合成され、再吸収される
	SOD (スーパーオキシドディスムターゼ)	抗酸化酵素
	カタラーゼ	抗酸化酵素
	システインスルホキシド類	抗酸化酵素
体外（飲食物）から摂取するもの	アスコルビン酸	栄養学上はビタミン C。水溶性
	トコフェロール類、トコトリエノール類	栄養学上はビタミン E。脂溶性
	ポリフェノール	アントシアニン、カテキンなど。水溶性が多い
	カロテノイド	カロテン類、キサントフィル類。脂溶性

第4章

和ハーブと産業・社会事業

　現代において、身のまわりの生活に関するさまざまなものは、いったい何からつくられているか、考えたことはあるでしょうか？

　まず生活を支えるインフラの電気、動力、熱源などの燃料となるものは、石油などの化石燃料です。身近な衣服などの繊維類は化学繊維であり、それを染める色素は化学染料がベースです。住む家においても、壁紙、塗料、その他の材料に、石油化学製品は欠かせません。容器をはじめとするあらゆる生活用品はプラスティックでつくられ、果ては体内に入れる食品や医薬品にまで石油化学が使われています。

　しかし考えてみれば、日本で石油産業が一般化してまだ100年も経っていません。それ以前の日本人は、生活に必要なものの大半を、植物を始めとする自然の恵みからいただき、そしてそれを活用する為の豊かなノウハウを持っていました。

日本の諸問題を解決する
和ハーブ

豊かな環境を活かす生活圏のフォークロア

　すでに述べたように、植物の細胞は化学工場であり、そして自分以外の自然にもさまざまな働きかけをしています。その結果、植物自体だけでなく、土壌や空気中にも生物たちが必要な物質が蓄えられます。豊かな森に恵まれた日本では、自然と一体化した生活文化とノウハウが伝えられてきました。

　江戸時代には都市部に商業施設が並びましたが、それ以外の農村などでは自給自足が基本で、その素材の工場に当たるのが森林や草地であり、「植物細胞の化学工場」だったのです。ここでは田畑で育てられる栽培作物以外の、生活圏に近い里山などの自然環境を上手に融合・活用した、日本の植物民俗文化を紹介します。

1 「雑木林」

　生活に有用な樹木を植え、採取することを目的に管理された、半人工の森林を「雑木林」と呼びます。商店街も大型ショップもない時代の、ホームセンターのような役割も持った森林ともいえます。

　雑木林では、最も重要である生活材として調理や囲炉裏などに使う木炭に適したブナ科の樹木（「クヌギ」や「ナラ」など）を中心に、建材や容器材などに使う「スギ」「ケヤキ」「ヤマザクラ」などの材木類が、野生種と植栽種をうまく組み合わせ、それらが効率よく育ち、活用できるよう、適宜に管理がされました。その結果、落葉樹率が高くなり、また適宜な材の採取によって日光が森林株や地面にまで届くことで、編み材をとる「フジ」「アケビ」「サルナシ」などの木本の蔓植物や、山菜類や薬草などの有用な草本や低木など、和ハーブの多様性が生まれたのです。

2 「屋敷林」

屋敷の周囲に樹木などが配置され、防風・防雪・防火・防水害などの目的のほか、実用的な「ミニ雑木林」的な役割をしたのが、「屋敷林」です。

植栽される樹木としてまず挙げられる種類は、背が高く実用性のバリエーションが豊富な「スギ」「ヒノキ」です。屋敷の北側や西側に防風・防雪の役目として植えられたほか、材は建材に、落ち葉や枝は燃料などに使われました。防火用としては、材が燃えにくい性質がある「イヌマキ」「タブノキ」沖縄の「フクギ」（すべて潮風対策も兼ねる）。水害対策には、水辺の木である「シナノキ」や根が張る「タケ（生活用品の材も兼ねる）」など。また実用的な材をとる樹木として、炭材は「シイ」「カシ」類（防火とドングリ採取も兼ねた）、果実から生活油をとる「ツバキ」「ヤブニッケイ」「イヌガヤ」「カヤ（果実はおやつに、材はまな板や将棋盤にもなった）」、そして紐材や掃除用具などの重要な繊維材の樹木として「シュロ」が植えられました。また飲食用として、山菜類である「タラノキ」「ハリギリ」「サンショウ」の他、栄養価が豊かな「カキ」「ビワ」「ユズ」「クワ」「ウメ」「グミ類」などの果樹が南側の日当たりがよい場所に配置されました。

屋敷林は実用性だけでなく、縁起用として鬼門には「難を転ずる」が語源の「ナンテン」や、葉のトゲが魔除けとなったといわれる「ヒイラギ」、あるいは観賞用として「カエデ類」「コブシ（薬用も兼ねる）」なども植えられました。

3 「庭と垣根」

昔の日本では、一般的な民家の庭や垣根にも有用性を重視した植物を植えていました。

庭は植えられた果樹や母屋によって日陰のエリアができ、日照のバリエーションが生まれます。それにより、日向や半日陰には「ヨモギ」「ゲ

ンノショウコ」「カキドオシ」、日陰には「ドクダミ」「ウワバミソウ」「ウ
ド」「ミョウガ」など、薬用・食用の和ハーブがバリエーション豊かに
生えました。

　家の境目となる垣根には、葉の密度が高く樹形が広がらない樹木が使
われました。薬効が高い飲食材も兼ねた「チャノキ」や「ウコギ」、櫛
や将棋の駒の材にもなった「ツゲ」、奄美大島以南では大島紬などの染
色材としても使われた「シャリンバイ」などです。

　雑木林をホームセンターなどの大型店舗とするならば、屋敷林や庭・
垣根は家の近くのちょっとした雑貨屋、コンビニエンスストアといった
ところでしょうか。

　このような有用性に富んだ屋敷林・庭・垣根の文化を、和ハーブ協会
では「ホームフォレスト（家庭用の森）」「ガーデンキッチン（庭が台所）」
「ガーデンファーマーシー（庭が薬局）」というネーミングとコンセプ
トの元に、古くて新しい日本の家づくりに役立てていく活動をしていま
す。

4　「里山周辺」

　昔の日本では、人の生活圏である家周辺や雑木林だけでなく、田んぼ、
畑、そのあぜ道や法面（斜面）、雑木林との間にある草地などの和ハー
ブも活用していました。いわゆる「里山和ハーブ」ともいうべき植物た
ちです。

　**休耕期にはイネの茎や葉を「藁」として活用しましたが、田んぼまわ
りに生えるイネ科などの単子葉植物にも強い繊維と耐水性を持ったもの
が多く、有用性に優れていました。「ススキ（カヤ）」は屋根材や家畜の
えさに、「ヨシ（アシ）」はすだれや肥料に、「ガマ（花穂は外用薬を兼
ねる）」は筵や敷物などの材として重用されました。**

　ススキを半人工的に管理した萱場は、素材を採取するだけでなく、田

164

畑への獣害に対する防御柵としての役割を果たしていました。

　農薬や除草剤がない時代は、里山には多くの食用・薬用和ハーブが生えました。田んぼ沿いには「セリ」「ジュズダマ」、畑沿いの日当たりがよい場所には「スベリヒユ」「ワスレグサ」、林縁には「ウルイ」「ミツバ」など。

民家の庭先で和ハーブは欠かせない存在だった。その価値を今、再生させていく。

現代日本では、戦後の急激な経済成長において起きた農林業近代化のツケに、高齢化や価値観の変化などが重なり、深刻な問題を抱えます。ここに和ハーブという新たな観点での解決策を探ります。

1 放置され、有用されない人工林

40〜50年後の資源化を目標に、昭和30年代に国策として大々的に進められた自然林伐採、およびスギ、ヒノキ、カラマツの単一的な植林（拡大造林）は、現代日本のあらゆる側面に大きなツケを残しています。材として活用されるはずだった人工林は、中国をはじめとする格安な輸入材にその役割と行き場を失いました。

現在（2023年時点）、林業はじつに経営資金の70％を行政からの補助金に頼らなければならない大赤字産業です。放置された人工林は、その景観や自然の多様性を壊しただけでなく、国民病としての花粉症の急激な増加、水源涵養能力の不足による崖崩れや水害リスク、海水の質変化、えさが乏しい環境から人里に下りるクマやイノシシなどの獣害など、さまざまな問題を引き起こしています。

この問題においては、可能な限り人工林の伐採を進めながら、広葉樹を植樹し、育てることが第一となりますが、それは長期計画であるとともに、実際には森林管理や伐採後の根や切り株の処理も出てきます。

よって並行して、林床や間伐材・下刈り材を利用した特用林産物の開発も重要となってくると考えられます。農業と森林を組み合わせてその可能性を探るコンセプトは「アグロフォレストリー」といわれ、今後ますます注目が高まることでしょう。

2 増加する耕作放棄地

高齢化により、全国で田畑の耕作放棄地が激増していますが、ここに

も野生和ハーブを中心とした有効活用が可能です。

　日ざらしの環境が多いため育つ植物は限られますが、それでも陽性の和ハーブとして、「ボタンボウフウ」「アザミ」「タネツケバナ」「カラスノエンドウ」「カワラケツメイ」などの飲食材となる草本、「ソバ」「ヒエ」「アワ」などの雑穀類、「アイ」「ベニバナ」「カリヤス」などの色素系、「ナギナタコウジュ」「トウキ」「チャノキ」「イブキジャコウソウ」などの薬用になる草本・低木類など、多くの和ハーブを育てることができます。また時間はかかりますが、次世代のための将来を見据え、生物多様性と和ハーブのバリエーションが高い広葉樹林を目指し、植樹を行うことも可能性として考えられます。

3　農薬・除草剤・遺伝子組み換え作物による健康被害への懸念

　過度で無秩序に使用される農薬や、遺伝子組み換え作物による健康被害が社会問題として顕在化しています。田畑のあぜ道や法面は本来、多種多様な植物が生える和ハーブの宝庫ですが、しかしながら現代日本においては農薬（除草剤）の普及や、移植された土に含まれる牧草類などの外来種の繁茂など、かつての多様性が高い里山の風景が失われつつあります。

　一方で、無農薬野菜や有機作物のニーズが高まっていることも事実です。農薬不使用の畑のまわりは生物の宝庫であり、食用・薬用などの和ハーブを生やし、活用するための選択除草を行えば、栽培作物以外の新たな収入源も期待できます。

4　空き家や廃校の施設活用

　急激に増加する空き家と廃校は、人口減少率が世界一（2023年時点）ともいわれる日本において、当面の間、課題となる問題です。しかしながら前項でも伝えたように、建物や庭木の日陰は畑などで育ちにくい陰

性の和ハーブが育つ環境です。

　古い民家や学校の庭には、薬用や食用を中心とした和ハーブがもともと植えられているケースも多く、現存の建物と融合したカフェやフリースクールなど、有効な活用の可能性を秘めています。

　そもそも和ハーブは、日本の気候・風土環境になじみ、人の手を必要とせずに育つ植物たちであるため、ここにあげた諸問題解決への親和性が高いといえます。同時に、現代日本においては雑草・雑木として軽んじられ、その有用性を忘れられた和ハーブだからこそ、新たな視点と突破口になる可能性が高いということになります。「森と水の国」である日本の素晴らしい自然資源と大いなる知恵を掘り起こし、引き継いでいくことが、日本人の真の健康と幸せの未来を紡ぐことでしょう。

棚田は和ハーブと人が交わる暮らしの原風景。

column
植物に関連する健康・美容業従事者が抵触する可能性がある法規

「お金をもらわなければ『業』にならない」というのは間違い

本書をお読みの方の中には、植物に関連した商品やサービス業務を取り扱っている方もいると思います。特に植物療法やハーブティーの販売のような、健康・美容・医療に関わるサービスを「業として行う」場合には、さまざまな法律で規制されているので注意が必要です。

そもそも「業として行う」とは、健康・美容・医療などに関連する業種の場合、「不特定・多数を対象に、継続的に業務を行うこと」となります。この場合の「不特定」とは一定しない名簿が出入りする場合、「多数」は7〜8人以上を指し、それぞれ独立して別々の意味を持っています。

注意しなければならないことは、金銭の授受がない場合でも上記に該当すれば「業である」と判断されることです。たとえば、「近所の友人10名で和ハーブ無料講座を何回か行い、そのたびに手作りの入浴剤をプレゼントした」という場合は、下記に示す「薬機法」違反の対象となる可能性があります。

製造販売を行う場合に必須の「薬機法」

植物療法関係を行う人たちが関わる法規として、もっとも注意を払うべきなのが「薬機法」（医薬品、医療機器等の品質、有効性及び安全性の確保等に関する法律）です。以前は薬事法と呼ばれていましたが、2014年の改正とともに名称も改められました。

薬機法は、健康・美容・医療関連商品の製造販売業を行う者を対象にしたもので、同第12条では、「医薬品、医薬部外品、化粧品又は医療機器の種類に応じ、それぞれ同表の下欄に定める**厚生労働大臣の許可を受けた者でなければ、それぞれ、業として、医薬品、医薬部外品、化粧品**

又は医療機器の製造販売をしてはならない」と定められます。

　たとえば「化粧品」の定義は「人の身体を清潔にし、美化し、魅力を増し、容貌を変え、又は皮膚若しくは毛髪を健やかに保つために、**身体に塗擦、散布その他これらに類似する方法により使用されることが目的とされている物で、人体に対する作用が緩和なもの**」となり、これに該当すると認められる商品は同法規の対象となり、違反者は処罰されます。

　植物を使った飲食品（特に乾燥葉など形状が医薬品として見られる可能性があるもの）、を製造してとり扱う場合は、下記1～5に注意をしてください。

1　「成分本質 (原材料) が専ら医薬品 - 植物由来物等」（医薬品リスト）に収載される植物部位に該当する場合

　例として、「センブリ」の全草部、「ゲンノショウコ」の地上部、「キハダ」の樹皮部、「トウキ」の根部などは、厚生労働省の医薬品リストに掲載されます。逆に、たとえば上記のトウキの地上部については対象になりませんが、使用部位を明記しない場合は医薬品と判断される場合があります。
　○　トウキ（葉）　　×　トウキ

2　生薬名を使うと医薬品と認識される場合

「医薬品的効能効果を標ぼうしない限り医薬品と判断しない成分本質（原材料）リスト」に収載される植物で、「生薬名」を商品名などに明記した場合は法規違反となる可能性があります。
　○　ドクダミ茶　　×　十薬（＝ドクダミの生薬名）茶

3　含有成分や用法容量が表示された場合、および形状が紛らわしい場合

　植物そのものは医薬品リストでなくても、掲載されている成分がリストに含まれていることを明示した場合。または「1日2回3粒ずつ」などの用法・容量が標ぼうされている場合。あるいはアンプルや錠剤など形状が医薬品を示しているとされる場合も、法規違反となる可能性があります。

4　その他、効果効能等が表示されている場合

　医薬品・医薬部外品・化粧品的効果をうたった場合、あるいはそれを暗示している場合、扱われる素材や形態にかかわらず法規違反の対象となる可能性があります。

5　入浴剤、石けん、その他化粧品の製造・販売について

　石けんもアロマ関連製品も、肌に塗布・散布を行った場合は法規違反の対象となります。ただし「雑貨石けん」すなわち洗剤としては販売が可能です。また入浴剤は「医薬部外品」または「化粧品」に該当します。雑貨と銘打っても入浴剤と解釈されれば、法規違反の対象となる可能性があります。

薬機法以外の健康・美容事業者当人が対象となる各法規

　薬機法の場合は商品の製造販売者が対象でしたが、「医師法」「あはき法」などは、植物療法などを行っている当人が対象となります。

　施術者が顧客の健康相談・指導に熱心になるあまりに、診断や治療に該当すると考えられる行為を行ったり、あるいは施術によって改善する症状をうたったりする場合は、「医師法」違反となる可能性があります。

また、該当の国家資格を持たない者のマッサージ的業務行為に対する見解は、「あはき法（あん摩・マッサージ・指圧師、はり師、きゅう師等に関する法律）」違反の可能性があります。

　無資格者のマッサージ的業務行為に対する見解は、関係省庁や判例によって差異がありますが、たとえば「顧客から施術が原因と考えられる体調不良を訴えられる」など「人の健康に害を及ぼすおそれのある業務行為」と認定された場合は、刑事罰を含めた処罰対象となる可能性がありますので、注意が必要です。

　その他、健康増進法、特商法など商法関連、麻薬取締法、消防法などに注意が必要です。

第4章

和ハーブと産業・社会事業

第3部

和ハーブについてテキストで学んだあとは、検定受験に向けた準備をしましょう。

各級ともに試験時間は 60 分、50 問程度が出題されます。

和ハーブ検定
1 級・2 級模擬試験問題

ここからは、1・2 級検定の出題形式に沿った模擬試験問題です。
例題にチャレンジしたあとは、模範解答で確認をしてみましょう。
実力アップを目指して繰り返し解いてみてください。

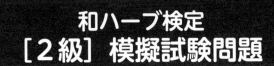
問題1 ハーブの定義において、正しくないものを1つ選びなさい。

1. 「イネ」・「ソバ」は和ハーブのカテゴリーに入る。
2. 日本原産の植物に、いわゆるハーブという単語を使うのは不適当である。
3. 古い時代に海外から導入された"色の和ハーブ"の代表に「ベニバナ」がある。
4. ラテン語で「草本植物」を意味する Herba に由来する。

問題2 日本の暦に関する記述のうち、正しいものを1つ選びなさい。

1. 「鬼は外」で知られる「節分」は、日本独自の暦日である雑節の1つである。
2. 上巳の節供には、アブラナ科の「ナズナ」などを刻んで粥に入れていただく風習がある。
3. 日本の暦の基準は、江戸時代に入り「新暦」と呼ばれる太陽暦に変わった。
4. 中国由来の季節の指標に、「七夕」や「立秋」などの二十四節気がある。

問題3 フィトケミカルに関する記述のうち、正しいものを1つ選びなさい。

1. 植物の生命維持に必須なブドウ糖や脂肪が含まれる。
2. Phyto フィト＝生物、Chemical ケミカル＝化学的な、が名前の由来である。
3. 動物やカビも体内で合成する。
4. その機能性には抗酸化などがある。

問題 4 次の和ハーブのうち、「日本三大色素」の素材植物でないものを1つ選びなさい。

1. キハダ
2. ベニバナ
3. ムラサキ
4. アイ

問題 5 次の和ハーブのうち、「日本三大古代布」の素材植物でないものを1つ選びなさい。

1. クズ
2. バショウ
3. アサ
4. シナノキ

問題 6 次の和ハーブのうち、「デンプン源」として使われなかったと思われるものを1つ選びなさい。

1. ブナ
2. シソ
3. キツネノカミソリ
4. トチノキ

問題 7 次の和ハーブのうち、古来の入浴剤「五木八草」でないものを1つ選びなさい。

1. スイカズラ
2. クロモジ
3. エンジュ
4. オナモミ

問題8 次の栄養素のうち、光合成によってつくられる糖が基原物質にならないものを1つ選びなさい。

1. ポリフェノール
2. タンパク質
3. ビタミン
4. ミネラル

問題9 次の栄養素のうち、三大栄養素を1つ選びなさい。

1. ビタミン
2. ミネラル
3. タンパク質
4. 食物繊維

問題10 アイヌが「セタエント」と呼び、日常茶に用いたハーブを1つ選びなさい。

1. ギョウジャニンニク
2. トチノキ
3. ナギナタコウジュ
4. フキ

問題11 琉球（沖縄）ハーブ文化について述べた文章につき、正しくないものを1つ選びなさい。

1. 「フーチバー」は暮らしに密着し「サギグスイ」の1つとして多用されてきた。
2. 「サクナ」は薬効が高く「長命草」とも呼ばれ、大切にされてきた。
3. 第二次世界大戦の前後、食料不足から有毒の「ソテツ」を食べて死者が出た。

4. 季節行事で「ンジャナバー」の葉で包んだ餅（カーサムーチー）を蒸して食べる。

問題 12 主に和紙の原材料に用いられてきたクワ科の植物を1つ選びなさい。

1. コウゾ
2. ヒサカキ
3. カラムシ
4. カシワ

問題 13 「ハッカ」に関する文章について、正しくないものを1つ選びなさい。

1. 別名は「メグサ」である。
2. 抽出される薬用メントールで、明治期には日本が世界シェア7割を占めた。
3. 「薄荷」の由来は「価値が高いため、薄い（軽い）荷でも儲かる作物」という説がある。
4. 夏には茎の頭頂部に黄色の花をつける。

問題 14 「ゲットウ」に関する文章について、正しいものを1つ選びなさい。

1. ショウガ科ミョウガ属である。
2. 元来は繊維材としてロープや漁網などに用いられた。
3. 根から布などの色素材として、薄青色がとれる。
4. 高温多湿の環境により、葉がすぐに腐敗しやすい。

問題 15 「ドクダミ」に関する文章について、正しくないものを1つ選びなさい。

1. 「ジゴクソバ」の別名を持つ。
2. 日なたの乾燥した環境として好む。
3. 独特のにおい成分「デカノイルアセトアルデヒド」が強い殺菌作用を持つ。
4. 日本三大薬草の1つである。

問題 16 「サンショウ」に関する文章について、正しくないものを1つ選びなさいい。

1. 熟した果実を丸ごと乾燥し、山椒粉や七味唐辛子に使う。
2. 縄文遺跡から見つかるなど有用性の歴史は長い。
3. 含まれる芳香成分には柑橘類に共通するリモネンやシトロネラールがある。
4. 古名は「ハジカミ」である。

問題 17 「クサギ」に関する文章について、正しいものを1つ選びなさい。

1. 熟すと白い果実が染色剤になる。
2. 日が入らない林の下で育つパイオニアプランツである。
3. シソ科の植物である。
4. クサギという名前だが、葉に芳香は無い。

問題 18 次の1～4の和ハーブが素材（原料）になる使途をA～Dより組み合わせなさい。

1. ツユクサ・クチナシ　　　　A．神事、生活行事
2. エゴノキ・ムクロジ　　　　B．紐縄、敷物、履物

3. アケビ・フジ　　　　　C . 染料、色素

4. シキミ・サカキ　　　　D . 洗剤、石けん

問題 19 次の1～4の和ハーブがA～Dの主にどの目的で活用され
てきたか組み合わせなさい。

1. サイカチ　　　　　　　A . 防虫剤

2. アカネ　　　　　　　　B . 燃料

3. クスノキ　　　　　　　C . 洗剤

4. クヌギ　　　　　　　　D . 色素

問題 20 次の1～4の和ハーブがA～Dの主にどの目的で活用され
てきたか組み合わせなさい。

1. クリ　　　　　　　　　A . おやつやお酒などの嗜好品

2. サルナシ　　　　　　　B . エネルギーの元となるデンプン源

3. サンショウ　　　　　　C . 体調を整えるための茶剤や煎剤

4. ゲンノショウコ　　　　D . 薬味や香辛料

問題 21 次の1～4の香辛料和ハーブに含まれる成分をA～Dより
組み合わせなさいい。

1. ワサビ　　　　　　　　A . イソシアネート

2. ユズ　　　　　　　　　B . シネオール

3. トウガラシ　　　　　　C . カプサイシン

4. ヨモギ　　　　　　　　D . クエン酸

問題 22 次の 1 〜 4 の和ハーブと使われる五節供を A 〜 D より組み合わせなさい。

1. キク　　　　　　　　　A．端午
2. セリ　　　　　　　　　B．重陽
3. モモ　　　　　　　　　C．人日
4. セキショウ　　　　　　D．上巳

問題 23 正しければ○、間違っていれば×をつけなさい。
（　　）江戸時代以前から日本各地で使われてきた外来種植物は、和ハーブのカテゴリーには入らない。

問題 24 正しければ○、間違っていれば×をつけなさい。
（　　）栽培作物の「アズキ」の野生原種が「ヤブツルアズキ」であるという説がある。

問題 25 正しければ○、間違っていれば×をつけなさい。
（　　）和ハーブは身土不二素材であるため、一度に大量摂取しても身体への負担はない。

問題 26 正しければ○、間違っていれば×をつけなさい。
（　　）「香り効果」は、植物成分が血中に吸収されて起こる効果である。

問題 27

正しければ○、間違っていれば×をつけなさい。
（　　）和果「ユズ」は食べるだけでなく、冬至の季節湯「柚子湯」に使われてきた。

問題 28 正しければ○、間違っていれば×をつけなさい。

（　　） 植物は「気孔」で呼吸と蒸散をおこない、大気中の湿度や温度に影響を与える。

問題 29 正しければ○、間違っていれば×をつけなさい。

（　　） 「ハマナス」はアイヌ語で「マウニ」と呼ばれ、和のシナモンともいえる。

問題 30 正しければ○、間違っていれば×をつけなさい。

（　　） 沖縄では「クワンソウ」の根が、ニンビグスイ（眠り薬）として用いられてきた。

問題 31 正しければ○、間違っていれば×をつけなさい。

（　　） 「ユズ」の果汁はアルカリ性で、胃内において消化酵素がもっとも活発になる pH をつくり出すことに寄与する。

問題 32 正しければ○、間違っていれば×をつけなさい。

（　　） 食物繊維は、化学構造的には糖の一種である。

問題 33 正しければ○、間違っていれば×をつけなさい。

（　　） 日本伝統の植物湯は経験的に選択されてきたため、日本人にとって機能性が高いと言える。

問題 34 正しければ○、間違っていれば×をつけなさい。

（　　） カキドオシはキク科に属し、古くから食用や薬用に民間で積極的に活用されてきた。

問題35 正しければ○、間違っていれば×をつけなさい。

（　　　）『かてもの』は徳川家康が編纂を命じた、災害食用の「野生和ハーブレシピ集」だ。

問題36 正しければ○、間違っていれば×をつけなさい。

（　　　）「クズ」は、葉、花、茎、根のすべてが有用できる。

問題37 正しければ○、間違っていれば×をつけなさい。

（　　　）「蔬菜」とはもともと野生で採れる植物食材（主に草本類）の総称であり、それに対して栽培作物は「野菜」と呼ばれたが、いつしかそれらの区別がなくなっていった。

問題38 和ハーブ採取時のマナーやルール、手法について述べた各文章につき、正しいものに○、間違っていれば×をつけなさい。

1.（　　　）和ハーブ資源は有限であり、生態系や翌年への影響を考えて必要な部位を少量摘む。

2.（　　　）除草剤や農薬、ペットの糞尿、土壌汚染等の可能性がある場合は、採取は避ける。

3.（　　　）採取の際に、必ずしも土地の所有者（や管理者）から許可を得る必要はない。

4.（　　　）採取した素材は紙やビニールにくるまず、できるだけそのままの状態で持ち帰る。

問題 39 正しければ○、間違っていれば×をつけなさい。

1. （　）私たちの身体は、生まれ育った土地の環境に基づいた代謝機能が備わっている。

2. （　）日本人は「乳糖」の消化酵素「ラクターゼ」が乳幼児期を過ぎるとほぼ分泌されない。

3. （　）「乳糖不耐症」とは、白砂糖などで下痢などを起こす症状をいう。

4. （　）北方に住む白色人種は生まれつき、ラクターゼが分泌されない。

問題 40 和ハーブの再認識がもたらすことにつき、正しければ○、間違っていれば×をつけなさい。

1. （　）地域の素材を活かした産業をつくり出す機運になる。

2. （　）いたずらに自然を破壊することを招くのみである。

3. （　）素材のトレイサビリティが見えやすくなる。

4. （　）先祖からの文化・歴史を知り、継承していく機運になる。

問題 41 植物について、正しければ○、間違っていれば×をつけなさい。

1. （　）植物を除くすべての多細胞生物は、酸素を自家生産できない。

2. （　）植物は太陽光エネルギーを使い、水と窒素を使って光合成を行う。

3. （　）多細胞生物の細胞内にはミトコンドリアが寄生している。

4. （　）地球上が植物の生えない土地になれば、生物が生存するには厳しい環境だ。

問題 42 和ハーブの成分と身体への作用のうち、正しければ○、間違っていれば×をつけなさい。

1. (　　) 「ドクダミ」の絞り汁を水虫につけると効果を発揮する場合を「全身作用」という。

2. (　　) 世界で初めて合成医薬品となった抽出成分は、「ヤナギ」からとり出された。

3. (　　) 「ヨモギ」に含まれるタンニンには収斂作用があり、虫刺されのかゆみ止めに用いる。

4. (　　) 和ハーブを消化管内に摂り入れれば、すなわち体内吸収したことになる。

問題 43 有毒植物を誤採取しないポイントとして、正しければ○、間違っていれば×をつけなさい。

1. (　　) 採取してきたハーブの中に混在する別種の植物は、特に取り除かなくてよい。

2. (　　) 毒性のあるものを口に入れた場合、痛みが出ることが多い。

3. (　　) 採取に際して、まずは詳しい人に同行する。

4. (　　) 同定に迷っても確信があれば迷わず口に入れてよい。

問題 44 豊かな植生を生み出す日本の地形につき、正しければ○、間違っていれば×をつけなさい。

1. (　　) 海に囲まれている。

2. (　　) 南北に細長いため、熱帯雨林をも有する。

3. (　　) 急激に切り立つ高い山脈を擁す。

4. (　　) 火山が多い国である。

問題45 次の①～④の（　　）に当てはまるものを、語群ア～クより選びなさい。

　江戸時代に名君と言われた米沢藩の（　①　）は、（　②　）を家の生垣を兼ねた救荒植物として栽培を奨励したり、畑の雑草で多肉植物である（　③　）の料理法を示して度々の飢饉に備えさせたりした。これらを記録した書物は「（　④　）」と呼ばれる。

＜語群＞

ア）スベリヒユ　　イ）カキドオシ　　ウ）ドクダミ　　エ）かてもの

オ）上杉鷹山　　　カ）養生訓　　　　キ）ウコギ　　　ク）福沢諭吉

問題46 次の①～③の（　　）に当てはまるものを、語群ア～カより選びなさい。

　植物は（　①　）・枝・根が雨を一旦受け止めることで、土壌に染み込む水分の量・移動などを調整するが、これを（　②　）という。樹木などの根は（　②　）のみならず、洪水や（　③　）などの自然災害や土地砂漠化を防ぐ。

＜語群＞

ア）地震　　　　　イ）雪　　　　ウ）水源涵養　　　エ）光合成

オ）土砂崩れ　　　カ）葉

問題 47 次の①～③の（　）に当てはまるものを、語群ア～カより選びなさい。

　植物はすべての生物の栄養源となる（　①　）の循環に大きな役割を果たす。地面に落ちた植物の死骸は地表で腐葉土の層となり、（　②　）と呼ばれる微生物がそれを（　③　）させることで、他の生物たちが再利用できる物質に再変換されるからである。

＜語群＞

ア）発酵　イ）無機物　ウ）分解者　エ）有機物　オ）消費者　カ）生産

問題 48 次の①～④の（　）に当てはまるものを、語群ア～キより選びなさい。

　繊維質が強い（　①　）原産とされる「シュロ」は（　②　）が変化したとされる幹の「シュロ皮」を紐や（　③　）の素材に、葉はホウキや（　④　）などの素材に使った。

＜語群＞

ア）枝　　　イ）中国南部　　ウ）九州地方　　エ）タワシ　　オ）籠
カ）葉鞘部　キ）雑巾

問題 49 次の①〜④の（　　）に当てはまるものを、語群ア〜クより選びなさい。

　植物は（　①　）しやすい芳香成分を使って、動物を引き寄せて受粉をさせるなど、他の生物たちに（　②　）を送り、動物を引き寄せて受粉をさせる、あるいは逆に近づかせないようにして身を守る。人はこれらの芳香成分を（　③　）や忌避剤、あるいは皮膚消毒や（　④　）などに活用した。

＜語群＞

ア）殺菌　　イ）デオドラント　　ウ）石けん　　エ）混合

オ）信号　　カ）揮発　　キ）毒　　ク）飾り

問題 50 次の①〜④の（　　）に当てはまるものを、語群ア〜クより選びなさい。

　食物繊維は、水に溶けにくい（　①　）食物繊維と、水に溶けやすい水溶性食物繊維の2種類に分類される。（　①　）食物繊維は植物の（　②　）を構成し、その代表は（　③　）で、これを分解する酵素を持つ生物は（　④　）と一部の真菌類だけといわれる。

＜語群＞

ア）細胞壁　　イ）不耐性　　ウ）細菌類　　エ）不溶性

オ）甲殻類　　カ）グルコース　キ）細胞膜　　ク）セルロース

和ハーブ検定
［2級］模範解答

問題1 2

問題2 1

問題3 4

問題4 1

問題5 3

問題6 2

問題7 2

問題8 4

問題9 3

問題10 3

問題11 4

問題12 1

問題13 4

問題14 2

問題15 2

問題16 1

問題17 3

問題18 1…C、2…D、3…B、4…A

問題19 1…C、2…D、3…A、4…B

問題20 1…B、2…A、3…D、4…C

問題21 1…A、2…D、3…C、4…B

問題22 1…B、2…C、3…D、4…A

問題23 ×

問題24 ○

問題25 ×

問題 26 ×

問題 27 ○

問題 28 ○

問題 29 ×

問題 30 ○

問題 31 ×

問題 32 ○

問題 33 ○

問題 34 ×

問題 35 ×

問題 36 ○

問題 37 ×

問題 38 1…○、2…○、3…×、4…×

問題 39 1…○、2…○、3…×、4…×

問題 40 1…○、2…×、3…○、4…○

問題 41 1…○、2…×、3…○、4…○

問題 42 1…×、2…○、3…○、4…×

問題 43 1…×、2…×、3…○、4…×

問題 44 1…○、2…×、3…○、4…○

問題 45 ①…オ、②…キ、③…ア、④…エ

問題 46 ①…カ、②…ウ、③…オ

問題 47 ①…エ、②…ウ、③…ア

問題 48 ①…イ、②…カ、③…エ、④…オ

問題 49 ①…カ、②…オ、③…ア（またはイ）、④…イ（またはア）

問題 50 ①…エ、②…ア、③…ク、④…ウ

和ハーブ検定
［1級］模擬試験問題

問題1 次のうち、アルカロイド成分に分類されるものを1つ選びなさい。

1. 「イタドリ」に含まれる「シュウ酸」
2. 「クズ」に含まれる「イソフラボン」
3. 「アサ」に含まれる「カンナビノイド」
4. 「トリカブト」に含まれる「アコニチン」

問題2 キハダが主原料の"江戸時代もっともヒットした医薬品"を1つ選びなさい。

1. 陀羅尼助
2. 宇津救命丸
3. ロキソニン
4. 葛根湯

問題3 日本六大和薬でないものを1つ選びなさい。

1. ゲンノショウコ
2. ヨモギ
3. タラノキ
4. カキドオシ

問題 4 酵素について述べた文章につき、正しくないものを 1 つ選び
なさい。

1. 細菌や植物の体内でつくられる生理活性物質である。
2. 和ハーブに含まれる酵素は、その分子構造と機能を維持したまま体
   内に吸収される。
3. 体内の代謝反応を仲介する役割を持つ。
4. タンパク質が主成分である。

問題 5 和ハーブを取り扱う業者に関連する法規について、正しいも
のを 1 つ選びなさい。

1. 「十薬」は昔から使われてきた民間薬なので、お茶として自由に販
   売してよい。
2. 入浴剤は身体への影響が少ないので、特に許可なく自由に製造販売
   してよい。
3. 金銭の授受さえなければ、業として行うケースに当てはまらない。
4. 肌用の石けんは化粧品扱いとなるので、製造販売には厚生労働大臣
   の許可が必要である。

問題 6 アルカロイド類の「シネフリン」について、正しいものを 1
つ選びなさい。

1. 柑橘類の果汁に大量に含まれる。
2. ホルモンのインスリンの分子構造によく似ている。
3. 体内に入ると交感神経を亢進する作用がある。
4. 日本の法律で禁止薬物に指定される。

問題7 「イソフラボン」について、正しいものを1つ選びなさい。

1. ポリフェノールの一種である。
2. 女性ホルモンのプロゲステロンの分子構造によく似ている。
3. キク科の植物に多く含まれる。
4. 人にとって毒性が強いので取扱いに気をつけるべきである。

問題8 水出し和ハーブティーに関する文章について、正しいものを1つ選びなさい。

1. カフェイン類など刺激が強い成分が多く含まれる和ハーブは水出しティーには不向きである。
2. 冷蔵庫で保管すれば基本的には腐らないので、たくさん作り置きするのがよい。
3. 水に浸して和ハーブ素材の味や成分を抽出したものを冷浸剤という。
4. テアニンは「チャノキ」に含まれる苦味成分であるため、短時間で水出しするのがよい。

問題9 「一次代謝産物」について、正しくないものを1つ選びなさい。

1. ほぼすべての生物において共通の必須成分である。
2. テルペン類が代表的な成分である。
3. 植物の生命維持に必要不可欠である。
4. 細胞の DNA 材料が該当する。

問題 10 「ヒノキ」について、正しくないものを1つ選びなさい。

1. 常緑針葉樹である。
2. 球果植物である。
3. 被子植物である。
4. マツ目である。

問題 11 「エゴノキ」について、正しくないものを1つ選びなさい。

1. 双子葉植物である。
2. 材は将棋の駒などに使われる。
3. エゴノキ科である。
4. 常緑広葉樹である。

問題 12 「シダ植物」について、正しくないものを1つ選びなさい。

1. 胞子または種子をつくり、繁殖する。
2. 維管束植物に属する。
3. 「トクサ」がこのグループに入る。
4. 別名は胞子植物と呼ぶ場合がある。

問題 13 「菌類」について、正しいものを1つ選びなさい。

1. いわゆる細菌のことである。
2. 植物同様に光合成を行う。
3. 細胞壁を持つ。
4. 海藻類がこのグループに入る。

問題 14 「タイム」というハーブについて述べた文章につき、正しくないものを 1 つ選びなさい。

1. ヨーロッパ産の種は「イブキジャコウソウ」という。
2. シソ科に属する木本類である。
3. 日本にも「タイム」に該当するハーブがある。
4. 伊吹山麓には「タイム」を食材や入浴剤にする地域文化が残る。

問題 15 「ヤブニッケイ」について、正しいものを 1 つ選びなさい。

1. 葉は常緑で、三出複葉である。
2. 10 種類以上あるシナモンの日本野生原種の 1 つである。
3. 糖尿病の予防やダイエットに向く成分が含まれている。
4. 不飽和脂肪酸オメガ 9 が豊富に含まれている。

問題 16 「ヤブツバキ」について、正しいものを 1 つ選びなさい。

1. 種子を圧搾して採る椿油には、オレイン酸が多く含まれる。
2. 日本を代表する落葉樹で、全国の海岸沿いに自生分布が多く見られる。
3. 別名では「スエツムハナ」と呼ばれる。
4. 「和のカメリア」として、真夏に赤い花を咲かせる。

問題 17 「ユキノシタ」について、正しいものを 1 つ選びなさい。

1. 直射日光の当たる場所を好んで生育する。
2. 目に効く生薬として知られている。
3. 葉に毒を持ち、食べることはできない。
4. 繁殖には種子だけでなく、ランナー (匍匐枝) を四方に出してクローンをつくる。

問題 18 次の 1 〜 4 のホルモンの機能と一致する説明を A 〜 D より組み合わせなさい。

1. エストロゲン 　　A． 腹部の体脂肪合成の抑制命令を出す

2. インスリン 　　　B． 睡眠を誘導する

3. コルチゾール 　　C． 免疫抑制などに作用する

4. メラトニン 　　　D． 中性脂肪合成の命令を出す

問題 19 次の 1 〜 4 の二次代謝産物に該当する説明文を A 〜 D より組み合わせなさい。

1. テルペン類 　　　A． ワサビの揮発性の辛味成分

2. 芳香族化合物 　　B． アマチャヅルのサポニン系薬効成分

3. 有機硫黄化合物 　C． ビワの未熟種子に含まれる毒成分

4. 青酸配糖体 　　　D． キブシに含まれる墨などになるタンニン系成分

問題 20 次の 1 〜 4 のアルカロイド類を有す植物を A 〜 D より組み合わせなさい。

1. ベルベリン 　　　A． ケシ

2. アコニチン 　　　B． トウガラシ

3. モルヒネ 　　　　C． トリカブト

4. カプサイシン 　　D． オウレン

問題 21　次の１～４の和ハーブと間違いやすいとされる有毒植物を
　　　　　　Ａ～Ｄより組み合わせなさい。

1.　ニリンソウ　　　　Ａ．　ドクウツギ

2.　ニラ　　　　　　　Ｂ．　スイセン

3.　ウツギ　　　　　　Ｃ．　バイケイソウ

4.　オオバギボウシ　　Ｄ．　トリカブト

問題 22　１～３の生物カテゴリーにつき、その特徴に最も該当するも
　　　　　　のをＡ～Ｃより選びなさい。

1.　真核生物　　　2.　原核生物　　　3.　原生生物

A.　細胞内の核と細胞質が、核膜で仕切られていないもの。

B.　細胞内にミトコンドリアや葉緑体を取り込んでおり、核膜を持つもの。

C.　真核生物のうち、植物や動物などの特徴を併せもつもの。

問題 23　次の１～３の植物カテゴリーにつき、その特徴に最も該当
　　　　　　するものをＡ～Ｃより選びなさい。

1.　被子植物　　　2.　種子植物　　　　3.　裸子植物

A.　種子植物のうち、胚珠が子房の中に包まれているもの。

B.　維管束植物のうち、別名を「顕花植物」というもの。

C.　種子植物のうち、胚珠が子房の中に包まれていないもの。

問題 24 次の１～３の生物カテゴリーにつき、その特徴に最も該当するものを A ～ C より選びなさい。

1. 動物　　　2. 植物　　　3. 菌類

A. 移動能力と感覚を持たず、外部の栄養を分解・吸収して生命を維持する。

B. 移動能力と感覚を持つが、他の生物を食さないと生命を維持できない。

C. 他の生物を食さず、生命を維持することができる「独立栄養生物」。

問題 25 次の１～３の植物につき、その特徴に最も該当するものを A ～ C より選びなさい。

1. ワラビ　　　2. ツユクサ　　　3. イチョウ

A. 単子葉植物の一年草で、花は青色の色素に使われる。

B. 落葉樹であるが裸子植物にカテゴライズされ、果実は食材になる。

C. コバノレイシカグマ科のシダ植物である。

問題 26 正しければ○、間違っていれば×をつけなさい。

（　　　）『大同類聚方』は、各地で受け継がれてきた和薬の情報を集めた貴重なガイドブックであり、平安時代に編纂された。

問題 27 正しければ○、間違っていれば×をつけなさい。

（　　　）「クロモジ」は殺菌作用がある芳香成分を生かし、歯ブラシとして使われた。

問題 28 正しければ○、間違っていれば×をつけなさい。

（　　　）和ハーブと呼ぶ有用植物はコケ植物も含まれる。

問題 29 正しければ○、間違っていれば×をつけなさい。

（　　　）「オウレン」の和名は「カクマグサ」である。

問題 30 正しければ○、間違っていれば×をつけなさい。

（　　　）地球上の最初の生物とされるのが、約1億年前に現れた「シアノバクテリア」の仲間だ。

問題 31 正しければ○、間違っていれば×をつけなさい。

（　　　）漢方の具体的な手段（療法）には、鍼灸が含まれる。

問題 32 正しければ○、間違っていれば×をつけなさい。

（　　　）日本の自然界には、ダイレクトに血糖値を上げる糖質食材が豊富に存在する。

問題 33 正しければ○、間違っていれば×をつけなさい。

（　　　）チャノキが緑茶状態から紅茶になっていくのは、酸化現象の一種である。

問題 34 正しければ○、間違っていれば×をつけなさい。

（　　　）日本の民間療法は「和方」といい、大陸から漢方が伝わる前から日本各地で行われていた。

問題 35 正しければ○、間違っていれば×をつけなさい。

（　　　）日本で最も古い外用薬の記録は『因幡の白兎』の物語に登場する「シソ」の穂である。

問題36 正しければ○、間違っていれば×をつけなさい。

（　　）　ミトコンドリアを体内に引き込んだアーリアは動物や菌類 などの共通祖先といわれる。

問題37 正しければ○、間違っていれば×をつけなさい。

（　　）　「カロテノイド」は、脂溶性食材と一緒に摂取すると体内へ の吸収が高まる。

問題38 正しければ○、間違っていれば×をつけなさい。

（　　）　「真核生物」のグループには単細胞生物はいない。

問題39 正しければ○、間違っていれば×をつけなさい。

（　　）　「ベニバナ」は天然素材から真紅がとれる、世界でたった1 つの植物として知られる。

問題40 正しければ○、間違っていれば×をつけなさい。

（　　）　一年草は、種子が散布される前に全草を採取すると子孫を 残すことができない。

問題41 正しければ○、間違っていれば×をつけなさい。

（　　）　日本のお風呂の起源は「斎あみ（湯浴み）」、すなわち禊の 文化である。

問題42 正しければ○、間違っていれば×をつけなさい。

（　　）　日本文化の象徴でもある「タチバナ」に含まれるノビレチ ンは、認知症予防に効果を示す。

問題 43 フィトケミカル類につき、次の①〜④に当てはまる言葉を語群より選びなさい。

　抗酸化フィトケミカルの代表的存在である（　①　）は水溶性で、脂が主な構成成分の（　②　）をくぐり抜けることはないと言われ、その外側で機能性を発揮する。一方、脂溶性フィトケミカルの代表は（　③　）で、紅葉や果実における（　④　）の色素である。

＜語群＞

ア）黄・橙系　　イ）細胞膜　　　ウ）カロテノイド類

エ）アルカロイド類　　オ）赤・紫系　　　カ）アントシアニン

キ）タンパク質　　ク）サポニン

問題 44 生理活性物質について、次の①〜⑤に当てはまる言葉を語群より選びなさい。

　生理活性物質とは人の（　①　）で生産される物質で、生体を常によい状態に保つ（　②　）機能の要である。主に（　③　）神経と連動し、その代表的な物質には（　④　）、酵素、（　⑤　）などがある。

＜語群＞

ア）自律　　　イ）ホメオスターシス　　　ウ）ホルモン

エ）サイトカイン　　オ）体内

問題 45 生物活性物質について、次の①〜⑤に当てはまる言葉を語群より選びなさい。

　生物活性物質とは、人の（　①　）で生産される物質で、（　②　）と化学構造が似ているため、人の（　③　）に入ると（　②　）と同じような生理活性を促す物質の総称。その生理反応が人にとって都合が悪いと（　④　）、都合がよいと（　⑤　）と呼ばれることになる。

＜語群＞

ア）生理活性物質　　イ）薬　　ウ）体外　　エ）毒　　オ）体内

問題 46 アルカロイド類について、次の①〜④に当てはまる言葉を語群より選びなさい。

　アルカロイドとは植物の細胞内で主に（　①　）を原料に生産される物質の総称で、人や動物に対して強い（　②　）を示す植物成分であり、動物からの（　③　）用につくっているとも考えられている。身近なアルカロイドの代表が（　④　）である。

＜語群＞

ア）脂肪酸　　イ）アミノ酸　　ウ）ポリフェノール　　エ）カフェイン
オ）食害　　カ）受粉　　キ）生理活性　　ク）生物活性

問題47 薬機法について、次の①～④に当てはまる言葉を語群より選びなさい。

　薬機法は医薬品、医薬部外品、（　①　）、又は医療機器の製造販売業を対象にした法規である。たとえば（　②　）は医薬部外品に当たるために、製造販売を行うには厚生労働大臣の許可をとらねばならない。また同様に、薬の和ハーブである（　③　）の全草部や（　④　）の根部は成分本質が医薬品としてみなされるので、それを原料とした飲食品は製造販売許可が必要である。

＜語群＞

ア）ゲンノショウコ　　イ）食品　　ウ）センブリ　　エ）化粧品
オ）トウキ　　カ）入浴剤

問題48 ミトコンドリア等について、次の①～④に当てはまる言葉を語群より選びなさい。

　ミトコンドリアの先祖とされる（　①　）バクテリアのグループは、細胞にとって毒でしかなかった（　②　）を使いながら大量にATPを生産し、その代謝物として（　③　）と水を排出することで、ブドウ糖の生産者の（　④　）バクテリアに還元する能力を備えた細菌グループである。

＜語群＞

ア）二酸化炭素　　イ）細菌　　ウ）αプロテオ　　エ）水素
オ）シアノ　　カ）酸素

問題49 山伏と薬草文化について、次の①～④に当てはまる言葉を語群より選びなさい。

薬草文化が広まる上で重要な役割だったのが、（ ① ）を修める山伏である。（ ② ）などが人々の間に浸透していない時代は深山に大衆が近づく機会はなく、その深山の薬草の種類や薬効を知り尽くす特別な存在が山伏だったのも理由だ。なお、アジア全体では山伏に似た文化で、中国の「（ ③ ）」文化や、南アジアの「（ ④ ）」文化がある。

＜語群＞

ア）修験道　　イ）仙人　　ウ）仏教　　エ）スポーツ登山

オ）インフラ　カ）ルーシー

問題50 屋敷林について、次の①～④に当てはまる言葉を語群より選びなさい。

屋敷の周囲に実用性を兼ねてさまざまな樹木類が配置された。たとえば（ ① ）用には「イヌマキ」や（ ② ）、あるいは炭材として（ ③ ）類（防火とドングリ採取も兼ねた）、さらに縁起用として鬼門には「難を転ずる」が語源の（ ④ ）が植えられた。

＜語群＞

ア）ナンテン　イ）カシ　　ウ）防水　　エ）防火　　オ）タブノキ

カ）カエデ　　キ）ビワ

和ハーブ検定
［1級］模範解答

問題1 4

問題2 1

問題3 2

問題4 2

問題5 4

問題6 3

問題7 1

問題8 3

問題9 2

問題10 3

問題11 4

問題12 1

問題13 3

問題14 1

問題15 3

問題16 1

問題17 4

問題18 1…A、2…D、3…C、4…B

問題19 1…B、2…D、3…A、4…C

問題20 1…D、2…C、3…A、4…B

問題21 1…D、2…B、3…A、4…C

問題22 1…B、2…A、3…C

問題23 1…A、2…B、3…C

問題24 1…B、2…C、3…A

問題25 1…C、2…A、3…B

問題 26	○
問題 27	○
問題 28	×
問題 29	○
問題 30	×
問題 31	○
問題 32	×
問題 33	○
問題 34	○
問題 35	×
問題 36	○
問題 37	○
問題 38	×
問題 39	○
問題 40	○
問題 41	○
問題 42	○

問題 43 ①…カ、②…イ、③…ウ、④…ア

問題 44 ①…オ、②…イ、③…ア、④…ウ（またはエ）、⑤…エ（またはウ）

問題 45 ①…ウ、②…ア、③…オ、④…エ、⑤…イ

問題 46 ①…イ、②…ク、③…オ、④…エ

問題 47 ①…エ、②…カ、③…ウ、④…オ

問題 48 ①…ウ、②…カ、③…ア、④…オ

問題 49 ①…ア、②…エ、③…イ、④…カ

問題 50 ①…エ、②…オ、③…イ、④…ア

〔協会概要〕

一般社団法人　和ハーブ協会

Japan Herb Federation　since2009

人から人へ、過去から未来へ、地域から地域へ
「和ハーブ」はみんなの足元の宝もの

日本人が古来活用してきた有用植物を「和ハーブ」と名づけ、「日本の有用植物文化の継承と創生」をミッションに、価値を再発見する〈和ハーブ・プロジェクト〉を推進。全国各地の風土に寄り添い、伝統的に受け継がれてきた植物文化を体系的に学ぶ「和ハーブ検定」や、座学・体験型講座の実施、講師養成、地域活性事業、メディア発信等を通じ、日本人のための新しいライフスタイル提案を行っています。

いにしえからの地域資源

土地本来の自然環境保全
伝統的なくらしの知恵
持続可能な経済
世代間の文化伝承

未来を創る人的文化資源

心身の健康維持
持続可能な産業システム
多世代交流
生きがいの創出

多様な社会課題の解決

新しい価値づくり
（学び・商品）

調査・記録

知識の教授
楽しみのシェア

Wa
Herb

有用植物文化の学び

地域の植物民俗の
（暮らしの伝承技術）
調査・保存

公式 Web サイト https://wa-herb.com

 https://www.facebook.com/waherb/
 @ waherbkyoukai

所在地

一般社団法人 和ハーブ協会（運営事務局：株式会社ルーシーダットン）
〒 104-0061　東京都中央区銀座 4-11-7　第 2 上原ビル 6F

Tel 03-6435-3863

E メール info@wa-herb.com

※「和ハーブ ®」「和ハーブ協会 ®」「和ハーブ検定 ®」は登録商標です。

理事・顧問（2023 年 6 月現在）

代表理事	古谷 暢基	
副理事長	平川 美鶴	
理　　事	堀内 康代	
理　　事	森岡 直子	
理　　事	横山 桂子	
最高顧問	水野 瑞夫	（薬学博士／岐阜薬科大学名誉教授）
顧　　問	稲葉 眞澄	（NPO 法人日本ニーム協会会長）
顧　　問	桑鶴 博宣	（環境カウンセラー／林業技師）
顧　　問	小海 壽子	（植物研究家）
顧　　問	下地 清吉	（有限会社沖縄長生薬草本社会長）
顧　　問	渡具知 綾子	（琉球伝統料理名護曲オーナー）
顧　　問	林 鷹央	（一般社団法人生きもの認証推進協会理事／ Bio アナリスト）
顧　　問	樋口 純一郎	（樹木医／一般社団法人日本樹木医会沖縄県支部理事）
顧　　問	降矢 英成	（医学博士／赤坂溜池クリニック院長）
顧　　問	北條 規	（大正大学地域構想研究所教授）
顧　　問	堀田 清	（薬学博士／北海道医療大学准教授）
顧　　問	渡邊 高志	（薬学博士／熊本大学大学院教授）

和ハーブ検定合格後は、さまざまな分野の専門知識や技術習得に特化した、上位資格をご用意しています。各資格ともに協会の正式なバックアップのもとで活動ができます。

和ハーブライフアドバイザー（称号）

　和ハーブ検定に合格後、所定の講座を履修することにより、修了証の発行と同時に「和ハーブライフアドバイザー」の称号が付与されます。和ハーブに関する基礎知識を備え、和ハーブを暮らしに取り入れる第一歩の認定です。

和ハーブインストラクター（資格）

　和ハーブの全般的な知識や魅力を習得し、講師活動等を通じて伝え広めていくスキルを持つ資格者です。資格取得後は、ご自宅での教室やスクール・企業等での講座講師、またWEB・雑誌の記事執筆などの活動を行うことができます。

和ハーブフィールドマスター（資格）

　和ハーブの生態、見分け、有用性、および自然循環の仕組みや植物民俗情報を総合的に学び、フィールド案内のプロフェッショナルを目指す資格者です。地域ごとに学習のメインフィールドを設定し、半年以上をかけて丁寧に学んでいきます。

和ハーブフードディレクター（資格）

　和ハーブの【食】に特化したコース。和ハーブ食材の調理レシピや基礎調理技術、料理化学や最新の植物栄養学、地域食の民俗文化史を学び、日々の暮らしや仕事に活かしていくことができる資格者です。

和ハーブセラピスト（資格）

　和ハーブ素材を用いたセラピー・コミュニケーション概論とともに、インフューズドオイルや和精油、芳香蒸留水などの基材や使用法等を実技で学び、ご自身や家族の暮らしや健康美容の維持、仕事に活かすことができる資格者です。

協会会員制度　詳しくは公式ホームページ（https://wa-herb.com）へ

　当協会では、和ハーブに関する情報や素材の共有、和ハーブに関する事業を行いたい方のためのサポートを行っています。協会活動コンセプト、ビジョン、社会的使命に賛同し、ご参加いただける方をお待ちしております。

認定校・認定教室制度

　協会活動のコンセプトやビジョンに賛同し、普及活動に協働いただける個人・団体・企業によって運営されます。協会が定める検定・資格制度に基づき、資格者養成プログラムを開催することができます。

協会活動　〜「和ハーブ」の学びの機会作り、新しい価値作り〜

　各分野の専門家による講演、実際に季節の植物とふれあうフィールドワーク、料理教室、クラフト作り、上位資格取得者が講師を務めるワークショップなど、内容は多岐にわたります。

季節ごとの散策講座

料理教室

各種講座・フォーラム

地域にひろがる和ハーブの輪
和ハーブロード

「人」と「植物」が暮らしに調和し、
多様な生き物が共生する道

　当協会認定【和ハーブロード】
は、世代を超えて多くの方々が集
い、散策しながら「足元の宝もの」
との出会いを楽しみ、健康や環境
への意識向上を目指す自然散策路
であり、全国横断の取り組みです。

　現地に自生する多種の和ハーブの見どころやルートを紹介する案内看
板やパンフレット等を設置し、地域独自の景観や住民の方々に溶け込
む、自然体験型のヘルスツーリズム拠点として機能します。身近な自然
の豊かさをより親しむため、和ハーブフィールドマスター修了生が案内
役を務め、その魅力を伝えていきます。

和ハーブスタイル
オンラインショップ

　全国初の「和ハーブ」専門アンテナショップとして、希少かつ高品質な和ハーブ素材をセレクトし、生産者様と連動しながら商品・市場開発を行っています。現在はドライ素材によるオリジナル和ハーブティー、関連書籍、和精油、雑貨類等を中心に取り扱い、全国発送を承っております。

https://www.waherbstyle.jp/

おわりに

　2006 年の春、その頃日本に広まり始めていたアーユルヴェーダの運動療法「ルーシーダットン」の初の大阪講演に向かう新幹線車中、1 つの雑誌が私の目を釘づけにしました。

　そこには、岐阜県と滋賀県にまたがる伊吹山が 20 ページに渡って特集されており、数十種類におよぶドライ和ハーブ、そしてそれを活用し、まさに「和のアーユルヴェーダ・ライフ」を送る山麓の人々の生き生きとした写真が掲載されていたのです。
　南アジアの健康文化啓蒙にいそしんでいた私は、足元の日本文化の未知なる領域に衝撃を感じ、持ち帰り可能であったその雑誌を、大切に鞄にしまい込みました。しかし植物に関して素人であった私は、その雑誌を本棚にしまったあと、その存在を忘れていました。

　それから 2 年経った、2008 年の夏。今度はルーシーダットン沖縄支部を訪ねた折に、地元でも著名な植物研究家から「沖縄のおじぃ、おばぁの薬草の知恵が途絶えようとしている。古谷さんの力でそれをよい形で、日本全国の人たちに発信してくれないか？」との相談・依頼を受けました。
　引き受けて東京に帰り、よい方法はないかと思考を巡らすうちに、途絶えようとしている薬草文化は果たして沖縄だけなのか？という疑問が頭をもたげました。その利那、2 年前のさりげない新幹線車内誌の記憶が、電撃的に僕の脳裏によみがえったのです。

　本棚からほこりのかぶった当時の雑誌をひっぱり出し、それを片手に「飛び込み」で伊吹山を訪ねたのは、それから半年ほどあとのこと。あたたかく出迎えてくれた日本随一の和ハーブエリアの人たち、その山麓で私は、「知られざる日本の足元の宝もの」との出会いへの高揚感と同時に、大きな危機感が芽生え始めました。

　その２つの感覚が、「日本人の本質的な伝統の知恵の掘り起こしと次世代への継承」への使命感へとハイブリッドしたのです。

　和ハーブ・プロジェクトをスタートさせ、改めて気づいた３つのこと。

　第一に、人は植物なしでは生きられず、日本人の生活・文化・健康のすべての分野において、植物なしでは成り立ってこなかった歴史。すなわち、「和ハーブ」を知ることは、「日本」そのものを知ることだということ。

　次に、この日本のなくしてはならない知恵は、昭和初期以前に生を受けた方々の多くは自然と身についており、しかしそのすぐ下の子どもたちへの世代の継承がほとんどなされていない現実。日本人の生命を長らく支えてきた和ハーブ文化に、明確な世代間断絶が起こっていること。

　最後に、「和ハーブ生活」をいまだ実践している数少ない人たちの、心身の底からあふれ出てくる元気さと、よき人生を送ることへの迷いのなさ。彼らの幸せな生きざまは、消えゆく過去になりかけている和ハー

ブを見つめ直すことが日本の未来を幸せにしてくれる、と私に確信させてくれました。

　和ハーブ協会に初めて関わる方々が一様に口にするお言葉、それは「未知なるものへの気づきと衝撃」です。「初めて知った、本当にびっくりしました」「今日は素晴らしい気づきに出会いました」、そして「頭をガツンと殴られたような衝撃がありました」など。
　すぐ近くにあるはずの宝もの、ひと昔前はあたりまえで、もっとも簡単であったはずの「足元の恵み」の活用法が、今では遠い存在になっていることへの証明でもあります。

　本書を皮切りに、皆様がぜひ、和ハーブ検定・資格制度、植物民俗文化の掘り起こしや商品開発、また和ハーブ塾や地域おこしをはじめとする当協会活動に関わりをもち、日本の素晴らしい土壌における文化と宝ものを、一緒に引き継いで発展させるため、お力を貸していただければ幸いです。

　　2023 年 7 月

　　　　　　　　　　　　　　　一般社団法人和ハーブ協会
　　　　　　　　　　　　　　　代表理事　　古谷 暢基

基本の和ハーブ・プロフィール

＊各和ハーブに記した以下のマークは、次のような特徴を持つことを示しています。

 飲食（食・茶・酒）

 医薬、民間薬、漢方薬

 染色

 浴剤（風呂）

 繊維（糸、布、紙、紐など）

 化粧、整肌、整髪

 神事、仏事、祭事、儀礼

 保安林（防風林・防火林など）、街路樹、公園、庭

 生活道具（家具、食器、石けん、塗料など）

 有毒植物

暮らしに香る万能パートナー

カキドオシ（垣通）

学名： *Glechoma hederacea* subsp. *grandis*
分類： シソ科 カキドオシ属
別名： カントリソウ
性状： 多年草

生薬名は「連銭草」。古銭のような見た目の葉が連なる様子から。
（撮影：4月下旬 東京都）

　日本各地の里山、林縁、野原、道端に自生する。同じシソ科のバジル
やミントを掛け合わせたような芳香が特徴。葉は丸みを帯びた鋸歯があ
り細かい毛がある。春には薄紫色の唇形花冠が対生する。開花後は地上
を這うように茎が蔓状に伸び、「垣根を通って隣家へ入り込む」ほどの
たくましい生命力が名前に込められる。特に開花直前は葉の香りが柔ら
かくアクも少ないため、フレッシュ和ハーブとして料理やお茶に向く。
ドライに加工すればお茶のほか、和ハーブソルトにも活用しやすい。日
本六大和薬の1つとして、利尿・消炎作用や、血糖値上昇を抑える作用
で知られ、古来より民間で積極的に活用されてきた。また、子どもの疳
の虫を取る「カントリソウ」の別名も持つ。都市部以外では「草刈りの
ときのにおい」と言われるほどありふれていて有用性に気がつきにくい
が、現代の生活習慣病予防にも貢献する和ハーブとして注目されている。

意外性が魅力のパイオニアプランツ

クサギ（臭木）

学名： *Clerodendrum trichotomum*
分類： シソ科 クサギ属
別名： クサギナ、トーノキ、トリバ
性状： 落葉小高木

葉を用いた「クサギナ飯」の伝統食文化が日本各地に点在する。
（撮影・花／８月上旬 栃木県、果実／10月下旬 岡山県）

　日本各地の里山や伐採地、荒れ地の他、都市部でも真っ先に生えてくるパイオニアプランツ（先駆植物）。樹高は３〜４ｍほどになり、枝は横に不規則に突き出し、長い葉柄を持つ。葉は大きいもので30cm前後になる。「臭い木」とはあんまりな名前だが、葉や茎はちぎらずとも強いにおいがある。若葉を湯がいて水によくさらしてから乾燥させておくと、立派なストック食材になり、調理時は水で戻してから甘辛く炒め煮する。夏の盛りには雄しべを長く伸ばした小花が枝先に集まって咲く。その姿は優雅で美しく、「臭い木」の名を払拭するような甘い香りを辺りに漂わせる。秋から冬にかけて、花弁のように見える赤い萼_{がく}と青みがかった真珠のような果実のコントラストが見事。秋の高い空によく映えて、鳥たちの目に留まる。果実を指で潰すと、目の覚めるような空色が現れ、媒染剤なしに布を染めることができる。

多彩な有用性で日本人を支えてきた

クズ（葛）

学名：　*Pueraria lobata*
分類：　マメ科 クズ属
別名：　ウラミグサ、クズフジ
性状：　多年草

３枚で１つの葉と数える三出複葉が特徴。
（撮影：花／８月上旬岐阜県、葉／７月下旬富山県）

　日本各地の里山、野原、道端に自生する。凄まじい生命力で辺りを覆い尽くすので、厄介な雑草扱いをされてしまいがちだが、葉、茎、根、花のすべてが有用できる。真夏に咲く紫色の花は、女性ホルモン様物質を含み、芳醇な甘い香りで虫たちをおびき寄せるが、健康と美容の維持に天ぷらや酢の物、お茶やジャムなどにしていただくことができる。根から採れるでんぷんは本葛粉となり、葛湯にすると風邪の引き始めの保温に向く。また古代よりクズの蔓から繊維を取り出して糸を績み、布に織った。出来上がった布には光沢があり、抗菌・通気性に優れた衣服になる。蔓は山仕事の際に、そのまま薪を束ねる紐代わりに重宝された。また、葉の緑色が風に翻って白色に見える一瞬の様子から、別名「裏見草」とも呼ばれる。そこから「恨み」とかけた和歌や、秋の七草の１つに数えられるなどして、クズは長らく先人たちの感性も育んできた。

魅力満載の亜熱帯ハーブ
ゲットウ（月桃）

学名： *Alpinia zerumbet*
分類： ショウガ科 ハナミョウガ属
別名： サンニン、サネン
性状： 多年草

沖縄の郷土儀礼食に、ゲットウの葉で餅を巻き蒸して食べる「カーサムーチー」がある。
（撮影：花／４月下旬、葉／10月中旬　ともに沖縄県）

　陽射しをさんさんと浴びて育ち、地上付近でカットしても数か月で人の背丈を超えて生長する。その強い生命力と高い機能性で、古くから亜熱帯エリアの暮らしになじんできた。茎や葉のスパイシーな芳香には防腐・抗菌作用があり、熱をかけると香りが強く立つため、お茶や料理に活用しやすい。また細長い葉は丈夫で、食材保存や蒸し焼きの包み葉になるほか、乾燥させておけば防虫剤にもなる。元来は茎繊維の強さが重宝されて、ロープや漁網、屋根葺き材に用いられてきた。また、沖縄離島で織られる久米島紬や宮古上布には、島内に生えるゲットウの葉や茎、根で染めた薄桃色の糸が織り込まれる。小さな桃が連なったような花蕾は凛としていて、開花すれば内側からまぶしいビタミンカラーが現れ、なんともエキゾチックな風情がある。抗酸化作用も強く、近年では化粧水などスキンケアアイテムにも応用されている。

サンショウ（山椒）

学名： *Zanthoxylum piperitum*
分類： ミカン科 サンショウ属
別名： ハジカミ、キノメ
性状： 落葉低木

手のひらで葉を挟み、軽く叩いて香りを立たせてから料理に使うとよい。
（撮影／未熟果／５月中旬岡山県、完熟果／10月上旬長野県）

　日本全国の山野で見つかる。「サンショウは小粒でもピリリと辛い」ということわざにも見えるように、「山の椒（ショウ＝辛味）」が名の由来。古名はハジカミで、縄文遺跡からサンショウが見つかるなど有用の歴史も長い。ミカンの仲間で、芳香成分には柑橘類に共通するリモネンやシトロネラールが含まれている。春は浅緑の新芽をそのままあしらいで添えるほか、山椒味噌に。上品に香る花は「花山椒」と呼ばれ、希少な高級食材にもなる。初夏の青い果実は塩や醤油に漬けてストックしておき、ちりめん山椒にするとご飯も進む。また秋に熟した赤褐色の果皮は、山椒粉や七味唐辛子のタネになる。しびれるような独特の辛味成分サンショオール等が中枢神経を刺激して、胃酸分泌を促し消化を助ける。葉はにぶい鋸歯があり、奇数羽状複葉。野生の本ザンショウは鋭いトゲが対生する。幹や太い枝はすりこぎの材にもなる。

「毒を貯めている」と誤解される薬草

ドクダミ(蕺)

学名： *Houttuynia cordata*
分類： ドクダミ科 ドクダミ属
別名： ジュウヤク、ジゴクソバ
性状： 多年草

白い花弁に見える部位は苞(ほう)。花穂に淡黄色の小さな花が密生する。
（撮影：5月下旬千葉県）

　ゲンノショウコ・センブリと並び、日本人が信頼を寄せてきた「日本三大薬草（和薬）」の1つに挙げられる。江戸期の生物学書『大和本草』には「わが国の馬医がこれを馬に用いると、十種の効能があるので、十薬(じゅう)と言う」とあり、その多様で優れた作用が知られてきた。特に生葉に含まれる独特のにおい成分デカノイルアセトアルデヒドが強い殺菌作用を持ち、生葉の汁を化膿やかぶれ、また近代医療でも完全治癒が難しい真菌が原因の皮膚疾患（水虫など）に塗布したり、風呂に入れたりして活用する。開花または蕾の頃に採取して水洗いし、乾燥させておけばにおいは揮発して茶剤に向く。豊富に含まれるクエルシトリン類には解毒、利尿、緩下作用があり、むくみや便秘の解消によいとされる。日陰〜半日陰の湿気ある環境を好み、繁殖力が強いため、水やりや施肥の手間をかけずともよく育つ。

爽やかな和のペパーミント

ハッカ（薄荷）

学名： *Mentha canadensis* var. *piperascens*
分類： シソ科 ハッカ属
別名： メグサ、メハリグサ、ハッカヨウ
性状： 多年草

キッチン周りで育てておけば、料理に活用しやすい。（撮影＝8月下旬岐阜県）

　葉は鋸歯があり対生し、茎は四角く、細かい毛がある。夏には葉の付け根に薄桃色の花をつける。全体に強い清涼感があり、風に揺れるとハッカ特有の涼やかな香りが辺りに広がる。さまざまな料理のアクセントや味の引き締めに活用しやすいほか、お茶やお酒に用いれば胃腸の働きを助け、吐き気やめまいを和らげてくれる。メントール成分を多く含んでおり、肌に触れると気化熱で涼しさをもたらす一方、血管を拡張させて血の巡りをよくする作用から、夏場のお風呂にも最適。江戸期の数多くの文書に重要な薬用植物として「薄荷」の文字が見えるが、その由来は、葉から採れる油の価値が高く「薄い（軽い）荷でも儲かる作物」とのいわれがあることから。明治期には日本が薬用メントール市場の世界シェア7割を占めたが、現在はごくわずかである。抽出した結晶はハッカ風味の製菓や歯磨き粉などに用いられる。

和のローズ、和のローズヒップ

ハマナス（浜茄子）

学名： *Rosa rugosa*
分類： バラ科 バラ属
別名： ハマナシ
性状： 落葉低木

北海道の「道の花」、青森市の「市の花」に制定。各地の風景を彩ってきた。
（撮影／花／９月上旬鳥取県、果実／９月下旬北海道）

　主に砂地海岸沿いで群落する落葉樹。紅桃色または白色の五弁花が特徴で、美しく香り高い。名の由来は「浜梨（はまなし）」ともいわれ、晩夏に実る赤銅色の丸い果実が、梨や林檎のように食べられることからきている。明治期、北海道へ渡った開拓使のあいだでは、長期にわたり身体を酷使する労働作業により、ビタミンＣ不足から出血を起こす症状を伴う壊血病（かいけつびょう）が多かったが、花や果実をお茶にして朝夕飲むことを教えたのがアイヌだった。枝や茎に細かいトゲがある様子も、アイヌはハマナスが病魔を遠ざけるとした。花・果実ともにビタミンＣを豊富に含んでおり、疲労回復効果があると同時に、熱や乾燥にも壊れにくい特殊な構造を持つことから、和ハーブティーやジャム、コーディアルなど加熱調理に適している。また乾燥や日光に強い性質があり、防風林や都市部の街路樹として植えられることがある。枝や根は染料にもなる。

暮らしに溶け込む万能和ハーブ

ヨモギ (蓬)

学名： *Artemisia indica* var. *maximowiczii*
分類： キク科 ヨモギ属
別名： モチグサ、モグサ、サシモグサ
性状： 多年草

食用とするには指先で簡単に摘める茎先や、柔らかい若葉が向く。
（撮影／5月中旬千葉県）

　日本全国の日当たりのよい場所で自生する。「よく萌える（燃える）」「四方へ伸びる」草が名の由来で、ヨモギの生命力そのものを表現している。食すればその特有の豊かな香りとともに、食物繊維や鉄分、ビタミン類が摂取できる。生葉は天ぷらや草餅に、また絞り汁を虫刺されや皮膚の止血・炎症止めに、乾燥した茎葉は茶剤や浴剤、燻して防虫にと、用途は幅広い。茎や葉の裏側には白い腺毛が密についており、この部分を集めたものがお灸で使われる艾になる。北方ではアイヌが「ノヤ」と呼び、葉を揉んで立ち上がる香りを魔除けや儀礼に用いたほか、体臭を消すデオドラント剤にしたという。一方、沖縄では「フーチバー」と呼び、おばぁが伝える解熱・血圧降下の家庭薬で「サギグスイ（下げる薬）」として受け継がれ、沖縄そばやヤギ汁のトッピングや炒め物の具材になるなど、日本全国各地で暮らしに寄り添ってきた。

冬至の和ハーブ入浴剤

ユズ（柚子）

学名： *Citrus junos*
分類： ミカン科 ミカン属
別名： ユ、ユノス
性状： 常緑小高木

七味唐辛子や柚子胡椒など、和のスパイス調味料にも大活躍。（撮影：10月下旬高知県）

　真冬でもバリエーション豊かな果実を手にできる「柑橘大国」日本。なかでも太陽のように鮮やかな色に熟すユズ果実は、味・香りともに人気が高い。ビタミンCやクエン酸、ポリフェノール類などが豊富に含まれていて、健康や美容にも向く。果実がたわわに実って落ちにくいことや、葉が常緑であることから、不老不死や子孫繁栄の象徴でもある。また葉の形に特徴があり、葉柄に翼と呼ばれるふくらみがある。枝には鋭いトゲがあるため、枝の剪定時や果実の収穫時には注意したい。初夏には純白の花弁を持った小花が咲いて、優しい香りに癒される。果実は果汁だけでなく、果皮や種子まで余すところなく活用できる。冬至には湯船にユズを浮かべて入浴する「柚子湯」が、身近な暮らしの風習として残る。香りが副交感神経を刺激して血流を促進し、果皮の脂溶性成分が皮膚に膜をつくり、保水・保温効果をもたらす。

イブキジャコウソウ（伊吹麝香草）

学名： *Thymus quinquecostatus* var. *ibukiensis*
分類： シソ科 イブキジャコウソウ属
別名： ヒャクリコウ
性状： 常緑小低木

薄桃色に染まる花畑（撮影：6月下旬岐阜県）

　日本に野生する唯一のタイム種で、日当たりのよい山の岩場や草地で地面を這うようにして生長する。背丈はせいぜい15cmほどで一見、草にしか見えないが、じつは樹木の仲間である。特に名の由来となった伊吹山麓の周辺では、伝統的に薬草茶や薬用風呂で暮らしに多用されてきた。開花期の初夏頃になると、畑一面が薄桃色の香りのカーペットになる。花や葉、茎をさっと手で撫でると、清涼感のある香りが辺りに漂ってくる。別名「百里香（ひゃくりこう）」も、その特有の芳香が「百里」先まで届き渡るイメージから呼ばれたもの。こうした芳香の特徴成分はチモールやカルバクロールなどのモノテルペン類で、強い抗菌・抗真菌作用で知られる。風邪気味のときにはイブキジャコウソウのホット和ハーブティーを淹れて、蒸気とともに香りをゆっくり吸いながら飲むようにすると、粘膜に作用して喉や鼻の痛み、咳などを和らげてくれる。

忘れがたい森の香りでリフレッシュ

クロモジ（黒文字）

学名： *Lindera umbellata*
分類： クスノキ科　クロモジ属
別名： トリシバ、クロキ、アブラギ
性状： 落葉低木

春先に淡黄色の花と新芽が同時に展開。秋には葉が黄色く色づいて森を彩る。
（撮影：花／４月上旬静岡県、葉／１０月上旬静岡県）

　緑色の樹皮や枝に黒い文字のような斑紋が見られることが、クロモジの名の由来の１つ。その魅力は事欠かないが、品があり、柑橘（かんきつ）にも似たさわやかな香りはもっとも印象深い。国学者の柳田國男が「日本人の鼻の記憶」と位置づけた、和アロマの代表樹木といえる。林縁や林床環境を好んで生育し、特に山間の暮らしで伝統的に用いられてきた。弾力があり、油分の多い性質から雪上を歩くかんじきの材料になり、山びとは火をおこす際に燃えやすい木としてしばしばクロモジを探したという。

　香り高い枝葉が伝統的にお茶や酒、煎じて胃腸の薬に用いられてきたほか、風呂に入れれば皮膚の炎症を抑え、上品なアロマで自律神経を整える。芳香成分には殺菌作用もあり、日常使いの爪楊枝（つまようじ）や歯ブラシの材にも適している。東北のマタギは獲物を、岐阜の山間地では五平（御幣）餅を、クロモジの枝に刺して山の神への捧げものとして供した。

ゲンノショウコ（現証拠）

学名： *Geranium thunbergii*
分類： フウロソウ科 フウロソウ属
別名： ミコシグサ、イシャイラズ、タチマチグサ
性状： 多年草

花の直径は1.5cmほど。控え目なたたずまいで野山に咲く
（撮影／10月上旬 岐阜県、果実／11月上旬 東京都）

　「日本三大和薬」の中でも古来、日本人の暮らしにもっとも使われてきた薬草。名の由来には「現の証拠にたちまち効果が出る」や「験の証拠が現れる」等があり、先人たちもこのゲンノショウコに大きな信頼を寄せてきた。日当たりのよい環境を好んで生長し、夏頃に開花する。花色はエリアによってそれぞれ白〜濃ピンク色が分布し、秋には熟した果実が弾けて反り返った蒴果が、豊作を祝う祭りのお神輿のようで「ミコシグサ」の異名も持つ。葉は猛毒のトリカブトの若葉にやや似るが、ゲンノショウコは茎が有毛で托葉がつくことで見分けられる。薬用茶には夏の土用を目安に地上部を採取して、乾燥保存をしておく。タンニン類が豊富に含まれ、湯にさっと浸すと下痢止めに、長く煎じると整腸作用も加わってお腹の万能薬となる。葉や花にはほろ苦さがあり、天ぷらなどで食する以外にも、浴剤や染料として活用できる。

江戸時代もっともヒットした山伏薬の原料

キハダ（黒文字）

学名： *Phellodendron amurense*
分類： ミカン科 キハダ属
別名： オウバク、ニガキ、シコロ
性状： 落葉高木

材 色 薬 食

幹の周皮を剥ぐと黄色い内皮が現れる
（撮影／葉：7月上旬　樹皮：10月下旬　ともに岐阜県）

　江戸時代にもっともヒットした薬といえば、修験者(山伏)プロデュースの万能薬「陀羅尼助」だが、その主原料となったのがキハダの樹皮（内皮部分）である。ミカン科ながら樹高が25mにもなる大木の、水の吸い上げが活発な梅雨〜初夏にかけて、樹皮を剥がすと内側にみごとな黄色素が映える。これが有効成分「ベルベリン」で、殺菌、下痢、二日酔いなどに高い効果を示す。アイヌ文化でもキハダは重要な植物だが、樹皮は使わず、ミカン科らしい香りと苦みを持ち、秋に黒く熟した果実を「シケレペ」と呼んで重宝した。煎じて日常茶、または腹痛・喘息の薬として、さらに煮込み料理「ラタシケップ」の重要な食材になる。また染料としてのキハダは媒染剤なしで鮮やかに染まるほか、ベニバナ染めの下染めに用いると、紅色をより引き立たせる効果もある。東大寺正倉院にのこる文書に、この黄色素で染めた和紙もあり、防虫に用いられた。

お風呂の和ハーブの代表格

セキショウ（石菖）

学名： *Acorus gramineus*
分類： ショウブ科 ショウブ属
別名： イシアヤメ、ネガラミ
性状： 多年草

花は初夏に咲くが、地味で目立たない（撮影／５月中旬神奈川県）

　谷川や水辺に群生する常緑多年草。名の由来は「石に張りつく菖蒲」
から。受粉および種子散布ともに水流を使い、清流の岩や浅瀬にとりつ
いた種子から出た細いとがった葉をちぎれば、さわやかな香りがして、
これが神経痛などに効く薬効成分とされる。温かいお湯に毎日のように
浸かる日本人だけが持つ生活習慣「お風呂」は、江戸時代まではサウナ
形式だった。そのスタイルもさまざまであったが、現代サウナでいう「ロ
ウリュウ」のように、焼いた石や和ハーブに水をかけるスタイルは「蒸
気浴」と呼ばれていた。もっとも古いサウナの記録の１つとされる、奈
良時代の光明皇后による「千人風呂の伝説」では、このセキショウが使
われた説がある。まさに「浴の和ハーブ」の代表的存在だ。本来、端午
の節供のショウブ湯はこのセキショウを使っていたが、中国由来の庭草
である「ショウブ」にとって代わられたという。

永遠の香りを宿す不老不死の木

タチバナ（橘）

学名： *Citrus tachibana*
分類： ミカン科 ミカン属
別名： ヤマトタチバナ
性状： 常緑小高木

果実は直径 3cm ほど。酸味・苦味・香りのバランスがよい。
（撮影／果実：1 月上旬　花：5 月中旬　ともに奈良県）

　日本唯一の野生原種柑橘。最古の書『古事記』『日本書紀』には、タチバナが天皇家との関わりとともに、「非時香菓（ときじくのかぐのこのみ）」＝永遠に香る果樹と称され「最古の薬」として登場する。それによれば、病弱の垂仁天皇の命を受けた忠臣の田道間守が、常世の国でようやく見つけた霊薬がタチバナだったという。初夏、枝にたわわな白花が咲くと周囲が上品な芳香に包まれる。そして夏の間に緑色の果実が生長し、冬に向かい気温が下がると果実が黄色く熟す。果実はミカンをそのまま小さくした形で、酸味の強さが特徴。樹上で落ちずに鈴なりに実る様子から不老長寿・子孫繁栄の象徴として重用されてきた。実際に果皮や葉に薬効成分ノビレチンやタンゲレチンなどの抗酸化ポリフェノール類が多く含まれ、機能性の高さや食利用の観点からも近年再注目されている。文化勲章や五百円硬貨のデザインモチーフにもなっている。

真紅を生み出す花

ベニバナ (紅花)

学名： *Carthamus tinctorius*
分類： キク科 ベニバナ属
別名： コウカ、スエツムハナ
性状： 多年草

山形の最上紅花は、半夏生の頃に開花が始まる（撮影／７月上旬山形県）

　中近東周辺を原産とする栽培種で、日本には３世紀頃に流入が見られる。純粋な紅色を表現する、世界で唯一の天然染色植物原料である。６〜７月頃、伸びた花茎の先に開花し、葉のトゲを避けながら手摘みで一つ一つ収穫する。そのことから「末摘花」とも呼ばれ『源氏物語』の一節にも登場する。花弁は血の巡りをよくすることで知られ、乾燥させて薬用茶・酒で飲まれてきた。またベニバナといいながらも、花弁に含まれる紅色色素は全体の１％に過ぎず、残りは黄色色素が占める。つまり紅の抽出には大量の花弁が必要で手間もかかるため、高値で取引されてきた。着物の襦袢や花嫁の角隠しの裏地には、身体を温め魔除けを願って「紅絹」（紅染めの布）があてがわれた。その他、食紅や紅化粧（口紅等）の原料となる。唇に紅を差すと、もともとの血色に紅が反応して発色し、塗り重ねると玉虫色に輝いて魅惑的な美しさを醸し出す。

真冬を彩る「和のカメリア」

ヤブツバキ（藪椿）

学名： *Camellia japonica*
分類： ツバキ科 ツバキ属
別名： ヤマツバキ、カタシ
性状： 常緑小高木

真冬に色鮮やかな花をつけ、人ばかりでなく鳥たちの目も誘う（撮影／2月上旬東京都）

　日本の照葉樹林帯を構成する代表的な樹木で、特に冬の庭を彩る鑑賞木や生垣に重宝されてきた。葉は常緑で厚く硬質、細かい鋸歯があり、太陽光を反射してキラキラと輝いて見えることから「艶葉木」あるいは「厚葉木」と呼ばれ、名の由来になった。材はかたく、海岸沿いの厳しい風雪にも強い性質から、古名では「カタシ」ともいい、燃やしたあとの灰は植物染めの媒染材に有用されてきた。サザンカと見た目が似るが、花全体が丸ごと地上に落ち、開花期もやや遅いのがヤブツバキの特徴である。葉を煎じて飲むと胃腸の調子を整え、滋養強壮作用も期待できる。また種子を圧搾して採る椿油は、健康機能の高いオメガ9脂肪酸のオレイン酸を多く含む。さらりとしたテクスチャーで、肌や髪に塗布するとしっとりなじんでなめらかに保護し、食用にすれば血中脂質や必須脂肪酸の摂取バランスを整える。

唯一の日本野生原種シナモン

ヤブニッケイ（藪肉桂）

学名：*Cinnamomum yabunikkei*
分類：クスノキ科 クスノキ属
別名：マツラニッケイ、クロダモ
性状：常緑高木

和のシナモンは用途が豊富（撮影／10月下旬千葉県）

　シナモンといえば外国産のハーブの代表格のように思えるが、日本にも関東以南の太平洋側の海に近い山林に野生原種（本種のみ）が生息する。三行脈が特徴的な常緑の葉をちぎると、シナモンのような優しい香りが漂う。そのままホールで料理の香りづけに、刻んで茶剤に、粉状にして和ハーブソルトに、あるいは入浴剤や和ハーブボールの材料としても秀逸だ。また油分豊富な果実は、灯油や医療用潤滑油などに使われていたという。和ハーブ協会による葉の成分分析では、不飽和脂肪酸オメガ3が、オメガ6との理想的な摂取バランスで含まれていることがわかった。また中国の研究では、スリランカ産シナモン（セイロンシナモン）、中国産シナモン（シナニッケイ）、日本産シナモン（ヤブニッケイ）ではヤブニッケイにのみ、糖尿病の予防・治療やダイエットによいとされるMHCPが多く含まれていることがわかっている。

かれんな妖精のような花

ユキノシタ（雪ノ下）

学名： *Saxifraga stolonifera*
分類： ユキノシタ科 ユキノシタ属
別名： コジソウ、キンセンソウ、イドグサ
性状： 多年草

初夏、花茎を長く伸ばして先端にかれんな花を咲かせる。
（撮影／葉・7月中旬神奈川県　花・5月下旬鳥取県）

　日本の住宅環境で栽培しやすく、通年採取・利用に便利なことから、暮らしの身近で重宝されてきた。日の当たりにくい湿った場所を好んで生え、真冬の雪の下でも元気よく緑色の葉を茂らせる。葉の表面の斑紋がうっすらと降りた白雪に見える、あるいは、初夏に咲く花が遠目から見るとちらつく雪のようにも見えるといった、「雪」にまつわる見立てからユキノシタの名が冠されたともいう。葉は厚みがあって、天ぷらにすると食べごたえがある。また生薬名「虎耳草」は虎の耳に葉の形が似るからだが、昔から耳の特効薬としても知られる。古老によれば、耳や歯の痛み、虫刺されの箇所に葉の絞り汁を塗布して使い、まるでどこにでもある家庭薬のような存在だと語る。繁殖においては種子だけでなく、地上茎から分化する赤い糸のようなランナー（匍匐枝）を四方に出して、次々とクローンをつくっていく。

参考文献

『アイヌ植物誌』
福岡イト子 著　草風館

『自分で採れる 薬になる植物図鑑』
増田和夫 監　柏書房

『野外植物民俗事苑』
長沢武 著　ほおずき書籍

『【新版】おいしく食べる山菜・野草』
高野昭人 監　世界文化社

『くらしの薬草と漢方薬 −ハーブ・民間薬・生薬−』
水野瑞夫・太田順康 共著　新日本法規出版

『あなたの日本がもっと素敵になる 8つの和ハーブ物語
〜忘れられた日本の宝物〜』
平川美鶴・石上七鞘 共著　産学社

『PAN de WA HERB 日本人の心と身体に届ける和ハーブレシピ』
古谷暢基 著　サンクチュアリ出版

『和ハーブ図鑑』
古谷暢基・平川美鶴 共著　素材図書

『基礎から学ぶ植物代謝生化学』
水谷正治・士反伸和・杉山暁史 共著　羊土社

『葉山和ハーブ手帖』
一般社団法人はっぷ

『和ハーブのある暮らし』
平川美鶴 著　エクスナレッジ

『和暦日々是好日』
高月美樹 著　LUNAWORKS

著者紹介

古谷 暢基　Masaki Furuya
医学博士。(一社) 和ハーブ協会 代表理事、国際補完医療大学 日本校学長、日本ダイエット健康協会　代表理事、日本ルーシーダットン普及連盟 代表、日本入浴協会 理事。第１回ノーベル医学賞最有力候補であり「近代日本医学の父」北里柴三郎の血を引く。現代日本における「健康・医療に関する正しい意識と知識の啓発」を人生の使命とし、専門家と一般市民の間に立った講演・講座やメディア出演等、全国を奔走する。著書・監修に『ダイエット検定公式テキスト』(JDHA)、「カルボナーラとペペロンチーノどっちが痩せる？」(角川春樹事務所)、他多数。

平川 美鶴　Mitsuru Hirakawa
植物民俗研究家。(一社) 和ハーブ協会 副理事長。足元の植物と人のつながりを訪ね、日本人らしい生き方や感性を探求。各地の風土とともにあった知恵を今どう活かすかを考え、未来へ届けるメッセンジャー。講座、講演、執筆、ものづくり、ワークショップ、地域創生プログラム等に携わる。著書に『和ハーブのある暮らし』(エクスナレッジ)、共著に『あなたの日本がもっと素敵になる８つの和ハーブ物語〜忘れられた日本の宝物〜』(産学社)、『和ハーブ図鑑』(素材図書) 他。

監修
一般社団法人和ハーブ協会　Japan Herb Federation
2009 年設立。日本人が古来活用してきた有用植物を「和ハーブ」と名づけ、足元の価値を再発見する〈和ハーブ・プロジェクト〉を推進。「和ハーブ検定」や座学・体験型講座の実施、講師養成、地域活性サポート事業、メディア発信等を通じ、日本人のための古くて新しいライフスタイル提案を行う。

公式 Web　　https://wa-herb.com
　　　　　　　https://www.facebook.com/waherb/
　　　　　　　Instagram @ waherbkyoukai

所　在　地　　東京都中央区銀座 4-11-7 第 2 上原ビル 6 F

日本古来の身近な植物の知識、活用法を学ぶ

和ハーブ検定
1級・2級
公式テキスト

2023年9月7日 初版第1刷発行

著 者 古谷暢基・平川美鶴
監 修 一般社団法人和ハーブ協会
発行者 東口敏郎
発行所 株式会社BABジャパン
〒151-0073 東京都渋谷区笹塚1-30-11 4・5F
TEL 03-3469-0135 FAX 03-3469-0162
URL http://www.bab.co.jp/
E-mail shop@bab.co.jp
郵便振替 00140-7-116767
印刷・製本 中央精版印刷株式会社

本文イラスト 三部秀一 岡元迪子
デザイン 石井香里

植物のチカラで癒される!! オススメ書籍

フラワーレメディーの真髄を探る

書籍 エドワード・バッチ著作集

汝、自らを癒せ。フラワーエッセンスの偉大なる創始者、エドワード・バッチ博士は、自分の書いたものはほとんど破棄していたため、著作は多く残っていません。本書はその中から主な講演記録や著作物を集めた貴重な専門書です。フラワーエッセンス愛好者やセラピスト必携の一冊です!!

●エドワード・バッチ 著　●A5 判　●340 頁　●本体 2,500 円+税

西洋占星術で選ぶフラワーエッセンス

書籍 星が導く花療法

うまれたとき・場所が示す自分だけの魂の「羅針盤」ホロスコープが読み解く花のエネルギーの選び方・使い方を紹介。自らの効果を実感しながら、フラワーエッセンスの力をホロスコープにより裏づけていった、古くて最も新しい、フラワーエッセンスと西洋占星術解読の書!

●登石麻恭子 著　●四六判　●264 頁　●本体 1,700 円+税

155 種類の植物を解説する　フラワーエッセンスガイド

書籍 フラワーエッセンス事典

花療法を裏づけるあらゆる要素を網羅!「バッチ・フラワーレメディ」の開発者として知られるエドワード・バック（バッチ）、医師・植物学者・占星術師のN（ニコラス）. カルペパーほか薬草魔術家、ネイティブアメリカンからの教えなど、かずかずの貴重な資料をもとにまとめた唯一無二の書!

●王由衣 著　●A5 判　●360 頁　●本体 2,636 円+税

月と太陽、星のリズムで暮らす

書籍 薬草魔女のレシピ 365 日

太陽や月、星、そして植物を愛する魔女の生活は、毎日が宝探し。季節の移り変わりや月のリズムとともに暮らし、星の力を受けた薬草を日々の暮らしに取り入れる。自然を大切にし毎日の暮らしを楽しむヒントが満載!魔女の薬草レシピ集!

●瀧口律子 著　●四六判　●240 頁　●本体 1,400 円+税

生年月日で導かれた 12 の花が起こす小さな奇跡

書籍 誕生花セラピー

数秘術の魔法（パワー）で幸せの扉を開く。自分の魅力に気づき、もっと自分を好きになる!数秘術を花のイメージにのせた新解釈で、心理学の手法で癒やし効果も抜群!!美しい花々の魅力そのままに、あなたの人生が輝き出します。

●白岡三奈 著　●A5 判　●240 頁　●本体 1,700 円+税

精油の力って、すごい！アロマ関連オススメ書籍

植物の「静菌作用」が自然治癒力を引き出す

書籍 アロマのくすり箱

成分重視の精油のブレンド。症状ですぐにひける索引が便利！子供も高齢者も、女性も男性も、広範囲に不調を解消するアロマレシピ。そして、人生の終焉のときも、香りに包まれて穏やかに過ごせるブレンドをご紹介。キャリアオイル（基剤）の効果、特徴も解説！

●西別府茂 著　●A5 判　●208 頁　●本体 1,500 円+税

西洋占星術とアロマ療法

書籍 星のアロマセラピー

ホロスコープが教えてくれる私だけの自然療法。チャートを読むのに書かせない天体・星座・ハウスの関係をこの一冊でしっかりマスター！一人一人に合わせたブレンド精油で、心が整い、体の不調が消える!! シンプルでわかりやすい解説――サロンメニューにも取り入れられます！

●登石麻恭子 著　●A5 判　●288 頁　●本体 2,000 円+税

自律神経系、ホルモン系、免疫系の不調を改善！

書籍 すぐ使えるアロマの化学

精油の力って、すごい！フランス式アロマセラピーで精油を選び、レシピをつくり、トリートメントを実践！化学的エビデンスをもとに精油を提案、精油の力を信じるトリートメントが、身体と心にしっかり作用。セラピストが自信をもってクライアントを癒やせる一冊！

●川口三枝子 著　●A5 判　●264 頁　●本体 1,700 円+税

8つのカラーと26の精油で「今」を変える。つねに幸せを感じる

書籍 アロマとチャクラのレッスン

精油、チャクラ、ホルモン分泌器官のシンプルで奥深い関係を知る。色と香りの波動が共鳴し、内に秘められた「本当の自分」と出合う。最高の人生の創造が始まる！多くの受講生が感動した「奇跡のアロマ教室」で大人気の「チャクラ講座」がついに書籍化！

●小林ケイ 著　●四六判　●264 頁　●本体 1,500 円+税

『アート』と『サイエンス』の両面から深く学び理解する

書籍 香りの「精油事典」

成分(サイエンス)の根拠から効果効能を学び、想像力(アート)を活用して、精油を選ぶ、今までなかったユニークな精油事典です。世界で最高峰と言われるIFA資格取得必須の 55 精油を徹底的に解説します。カウンセリングや施術方法、セルフケアなど、すぐに実践できる情報も満載です。

●太田奈月 著　●A5 判　●242 頁　●本体 2,100 円+税